化学工业出版社"十四五"普通高等教育规划教材

现代环境分析与监测技术实验

刘琼玉　主编

化学工业出版社

·北京·

内容简介

《现代环境分析与监测技术实验》以现代仪器分析技术在环境分析与监测领域的实际应用案例为主线，将质量保证措施和实验废物处置贯穿实验教学全过程；以现代仪器分析技术为实验方法和手段，以主要环境介质中的典型环境污染物为分析与监测对象，并结合了编者多年环境分析与监测实验教学经验以及我国新形势下现代环境分析与监测技术的发展需求编写而成。主要内容包括环境分析数据处理与质量保证，现代光谱技术、现代色谱技术、质谱及其联用技术、电化学分析技术在环境分析和监测中的应用，在线自动监测技术在污染源排放管理监测中的应用。分析与监测对象包括地表水和废水、土壤、固体废物、环境空气和废气（烟气）等主要环境介质中的三十余种典型环境污染物。部分实验项目引入企业实际应用案例，推进产教融合；并将碳排放在线监测技术应用案例引入教材，助力碳达峰、碳中和目标的实现。

本书可作为高等院校环境科学与工程类、化学化工类、材料类、生命科学类专业的本专科生及研究生教材，亦可供相关科研工作者、技术人员参考。

图书在版编目（CIP）数据

现代环境分析与监测技术实验 / 刘琼玉主编.

北京：化学工业出版社，2025.7. -- （国家级一流本科专业建设成果教材）. -- ISBN 978-7-122-47736-1

Ⅰ. X132；X8

中国国家版本馆 CIP 数据核字第 2025P11W71 号

责任编辑：满悦芝　　　　　　文字编辑：张　琳
责任校对：杜杏然　　　　　　装帧设计：张　辉

出版发行：化学工业出版社
　　　　　（北京市东城区青年湖南街 13 号　邮政编码 100011）
印　　装：三河市君旺印务有限公司
787mm×1092mm　1/16　印张 11¼　字数 268 千字
2025 年 7 月北京第 1 版第 1 次印刷

购书咨询：010-64518888　　　售后服务：010-64518899
网　　址：http://www.cip.com.cn
凡购买本书，如有缺损质量问题，本社销售中心负责调换。

定　　价：45.00 元　　　　　　　　版权所有　违者必究

本书编写人员名单

主　编　刘琼玉

副主编　梁　勇　闵奋力　王　璞

参　编　张启伟　陈路锋　谢明敏
　　　　　陈佳欣　王　静　李启杰
　　　　　杨志华　赵　明　杨青青
　　　　　段义爽　肖彩玲　万锋涛
　　　　　胡明华　周　珍　高振玉
　　　　　柳　洋　张　晖　邓维冰
　　　　　王　帅

前　言

现代环境分析与监测技术课程是环境科学与工程类专业及相关专业本科及硕士研究生的必修课程，相应的实验课程在培养学生使用各种现代分析仪器方法解决环境分析与监测实际问题的能力以及发现问题、分析问题、解决问题的能力方面具有不可替代的作用。

随着工业化和城市化的发展，环境污染问题呈现出传统污染物与新污染物共存、叠加态势，且新污染物呈现出来源广、毒性大、产生毒性效应的浓度低等特点，对现代环境分析与监测技术提出了更高要求。此外，随着生态文明建设的深入推进，公众对健康环境和优美生态的迫切需求与日俱增，对进一步扩大和丰富环境监测信息公开提出更高、更精细的要求，推动了现代分析测试手段向自动化、智能化、信息化方向发展，分析监测精度向痕量、超痕量分析方向发展。现代环境监测行业的发展推动了对环境分析与监测技术人才的需求，我国环境监测行业持续发展，第三方检测机构及从业人员规模和数量仍在增长。为此，培养能够熟练应用现代环境分析监测技术识别环境污染物、分析污染水平、评价环境质量的高素质技术人才，对发展新质生产力、推动高质量发展具有重要意义。

本实验教材共6章，内容包括环境分析数据处理与质量保证，现代光谱技术、现代色谱技术、质谱及其联用技术、电化学分析技术及在线自动监测技术在环境分析及监测中的应用实验，部分实验内容引入企业实际案例，推进产教融合。本教材以现代仪器分析技术在环境分析与监测领域的实际应用案例为主线，并将质量保证措施和实验废物处置贯穿实验教学全过程；以现代仪器分析技术为实验方法和手段，以主要环境介质中的典型环境污染物为分析与监测对象，具有实验方法先进、规范、全面，分析与监测对象范围广、代表性强，实验内容完整、先进、实用等鲜明特点，并将课程思政元素有机融入实验教材设计。本教材对培养学生分析、解决实际问题的能力以及增强学生社会责任感、养成严谨求实的工作作风和精益求精的工匠精神均具有重要意义，可为学生以后从事相关工作奠定实践基础。

本书由江汉大学刘琼玉教授任主编，梁勇教授、闵奋力高级工程师、王璞教授任副主编。具体分工如下：第1章由刘琼玉、陈佳欣编写；第2章由刘琼玉、梁勇、闵奋力、肖彩玲、王静、张晖编写；第3章由刘琼玉、闵奋力、段义爽、胡明华、杨志华、邓维冰编写；第4章由王璞、张启伟、陈路峰、杨青青、周珍编写；第5章由刘琼玉、陈佳欣、王帅编写；第6章由刘琼玉、梁勇、谢明敏、万锋涛、李启杰、赵明、高振玉、柳洋编写。全书由刘琼玉、闵奋力、梁勇等统稿、定稿。

本教材的编写和出版得到教育部产学合作协同育人项目《新工科背景下"水和废水检

测"产教融合课程体系改革研究》（项目编号：220901045064129）、湖北本科高校省级教学改革研究项目《"双碳"战略和产教融合背景下环境工程专业人才培养模式改革与实践》（项目编号：2024277）、聚光科技（杭州）股份有限公司、山东东晟环境检测有限公司、武汉市生态环境监控中心和化学工业出版社等单位的大力支持，在此表示衷心感谢。本书编写过程中参考了大量的专著、教材、标准规范及相关文献，在此对这些作者表示感谢。

　　由于编者学识所限，书中内容难免有不妥或疏漏之处，敬请读者批评指正。

编者

2025 年 1 月

目　录

第1章
环境分析数据处理与质量保证

环境分析对象广泛、成分复杂、时空分布差异大，许多污染物浓度水平低、不易准确测量，分析过程的任何一个环节出现失误都将导致最终的测量结果出现偏差。由于分析人员的技术水平，各实验室的仪器设备、环境地域条件的差异，难免会出现数据资料互相矛盾、不能相互利用的情况，最终造成人力、物力、财力的浪费。为了获得准确可靠的测量结果，需要建立一个科学的实验室质量保证体系，对环境分析的各个环节进行科学的管理。

质量保证是对分析测试全过程进行技术上、管理上的全面监督，以保证分析数据的准确性和可比性，以便得到准确可靠的分析结果。实验室质量控制是质量保证的一部分，主要是对实验室的质量、管理进行监督，其目的是把实验室分析误差控制在容许限度内，保证测量结果有一定的精密度，使分析数据在给定的置信水平内满足质量要求。

1.1 环境分析数据的结果表述与统计检验

环境分析数据涵盖了气候、生物、土壤、水质等多个方面的数据，这些数据对于理解环境状况、预测环境趋势以及制定环境保护政策至关重要。环境分析数据的来源包括空气质量监测站、水质监测站、土壤监测站等固定监测站点，以及卫星遥感、无人机航测、地面移动监测车等技术手段，此外还包括政府公开发布的相关数据等。涵盖的数据类型包括温度、湿度、降水量、风速等气象要素的数据，水体中的化学成分、微生物含量等水质数据，大气中的粉尘、污染物浓度等大气数据，土壤类型、土壤肥力、土壤污染等土壤数据，这些数据对于理解和掌握环境状况的变化规律都有重要作用。

按照性质的不同，环境数据可分为计量数据、计数数据和等级数据。计量数据是用计量器具对观察单位某项指标进行测定所得的数据，一般带有计量单位，例如采样点粉尘浓度（$\mu g/m^3$）、大气中二氧化碳浓度（mg/L）等。计数数据是用计数方法对观察单位按某种属性或类别进行清点得到的数据，结果只有整数，如识别清点活性污泥中的原生动物轮虫有 20 个/mm^2、某污染物泄漏后致小区内 100 人中毒等。等级数据是用计数方法对观察单位按某种属性或类别的不同程度进行清点得到的数据，是半计量数据，如按水体富营养化分级清点得到的各等级水体数。根据分析的需要，计量数据、计数数据、等级数据可以互相转化。

在调查和实验之后，将数据进行综合处理并表述结果，可以使观察单位的个别特征综合成总体特征，从而阐明总体发展变化的客观规律。不同类型的数据应采用不同的统计方法进行分析处理。计量数据常用平均数、标准差、t 检验、方差分析、相关与回归分析等统计方法分析；计数数据常用率、构成比、χ^2 检验等统计方法分析；等级数据常用率、构成比、秩和检验等统计方法分析。环境数据的结果表述可以通过绘制统计表或统计图（如折线图、柱状图、散点图、热力图等）来实现。统计表和统计图便于计算、分析和对比，且较文字叙述更能直观反映事物内在的规律性和关联性，是表达和分析数据的重要工具。本章主要介绍环境分析数据统计中常用的概念及统计检验方法。

1.1.1 环境分析数据处理与结果表述

1.1.1.1 均值

均值是统计学中的一个基本概念，通常指的是算术平均值（arithmetic mean），它表示了一组数据的平均水平或中心趋势。在数值分析中，均值是所有数据点的和除以数据点的总数。在假设检验中，均值经常被用作比较不同数据集或同一数据集在不同条件下的差异。对于一组数据 $x_1, x_2, \cdots, x_n$，其均值 $\bar{x}$ 计算如下：

$$\bar{x} = \frac{1}{n} \sum_{i=1}^{n} x_i \tag{1-1}$$

其中，n 是样本数据的总数。

1.1.1.2 误差

误差是监测领域中一个至关重要的概念，它指的是测得的量值（简称测量值）与参考量值之间的差异。参考量值一般由量的真值或约定量值来表示，但真值通常是一个理想化的概念，难以在实际监测中完全获得。因此，误差是不可避免的，但可以通过各种方法尽量减小。误差是测量值与真实值之间的差值。对于测量的目标数据，设测量值为 x，真实值为 a，则误差 ε：

$$\varepsilon = x - a \tag{1-2}$$

误差可以按照不同的标准进行分类，常见的分类方法包括按误差的表示方法和按误差的性质分类。

按误差的表示方法可分为绝对误差和相对误差。绝对误差是指被监测的测量值与被监测的真值的差值。绝对误差反映了测量结果或计算结果的偏离程度，但它并不直接提供关于误差相对于测量结果或计算结果本身大小的信息。绝对误差 ε_a 的计算方法为：

$$\varepsilon_a = |x - a| \tag{1-3}$$

相对误差是指监测的绝对误差与被监测的真值之比，通常用百分数表示。相对误差通常用于评估测量值或计算值与真实值或理论值之间的偏离程度，比绝对误差更能反映测量的准确性和可靠性。一般来说，相对误差越小，表示测量结果与真实值越接近，测量的可信程度越高。相对误差 ε_r 的计算方法为：

$$\varepsilon_r = \left| \frac{x - a}{a} \right| \times 100\% \tag{1-4}$$

按误差性质可分为系统误差和随机误差。系统误差指偏离规定的监测条件和方法，形成一定规律的误差，它可能由监测工具的不准确性、环境因素、系统不完善或监测方法不准确等多种因素引起。随机误差指在实测条件下，多次监测同一被测物时，绝对值和符号变化无确定规律可循的误差，它可能由操作人员的微小颤抖、监测工具的随机波动等不可预测的因素引起。

1.1.1.3 偏差

偏差（bias）是指实际结果与预期结果、测量值与真实值或估计值与总体参数之间的差异。在不同情境下，偏差的定义可能有所不同，但核心都是描述某种结果或观察值与预期或真实情况之间的差距。对于一组数据 $x_1, x_2, \cdots, x_n$，其均值为 $\bar{x}$，$E(\hat{x})$ 是期望值，则偏差为：

$$\text{bias} = E(\hat{x}) - \bar{x} \tag{1-5}$$

偏差可以根据不同的标准和领域进行分类，常见的偏差有绝对偏差和相对偏差。

（1）绝对偏差

绝对偏差（absolute deviation）是指观测值与真实值或平均值之差的绝对值。它可以是某一观测值与总体的均值之差，也可以是某一测量值与多次测量值的均值之差。在统计学中，绝对偏差用于衡量单个数据点与整体平均水平的偏离程度。对于一组数据 $x_1, x_2, \cdots, x_n$，其均值为 $\bar{x}$，则第 i 个数据的绝对偏差 d_i 为：

$$d_i = |x_i - \bar{x}| \tag{1-6}$$

（2）相对偏差

相对偏差（relative deviation）是指某一次测量的绝对偏差占平均值的百分比。它用于衡量单项测定结果对平均值的偏离程度。对于一组数据 $x_1, x_2, \cdots, x_n$，其均值为 $\bar{x}$，则第 i 个数据的相对偏差 RD 为：

$$\text{RD} = \left| \frac{x_i - \bar{x}}{\bar{x}} \right| \times 100\% \tag{1-7}$$

相较于绝对偏差，相对偏差能够更直观地反映测量值与平均值的相对偏离程度。

1.1.1.4　标准偏差和相对标准偏差

（1）标准偏差

标准偏差（standard deviation）用于衡量数据分布的分散程度，是统计结果在某一时段内偏差上下波动的幅度。标准偏差越大，表示数据点之间的差异越大，数据分布越广；标准偏差越小，表示数据点越接近平均数，数据分布越集中。标准偏差是方差的平方根。对于一组数据 $x_1, x_2, \cdots, x_n$，其均值为 $\bar{x}$，则标准偏差 s 的计算公式为：

$$s = \sqrt{\frac{1}{n-1} \sum_{i=1}^{n} (x_i - \bar{x})^2} \tag{1-8}$$

（2）相对标准偏差

相对标准偏差（relative standard deviation，RSD）又称变异系数，在统计学中是一种描述数据集的变异性相对于其平均值的统计量。它是标准偏差与平均值的比值，通常以百分比形式表示。对于不同的数据集，即使它们的数值范围和单位都不同，相对标准偏差也可以用于比较它们之间的变异性。对于一组数据 $x_1, x_2, \cdots, x_n$，其均值为 $\bar{x}$，标准偏差为 s，则相对标准偏差 RSD 为：

$$\text{RSD} = \frac{s}{\bar{x}} \times 100\% \tag{1-9}$$

在实际应用中，选择使用标准偏差还是相对标准偏差取决于分析的目的。如果需要比较不同数据集的变异性，或者当平均值的单位或量级差异较大时，相对标准偏差可能是更合适的选择。如果关注的是数据本身的分布情况，标准偏差则更为直接和有用。

1.1.1.5　监测结果的表述

对某样品的某一指标的测定结果，常用以下几种表达方式。

（1）用算术平均值表示

算术平均值（$\bar{x}$）是表达监测结果最常用的方式，常用多次平行测定结果的算术平均值表示测量结果与真值的集中趋势。

（2）用算术平均值和标准偏差表示

算术平均值代表集中趋势，标准偏差表示离散程度。算术平均值代表性的大小与标准偏差的大小有关，标准偏差越大，算术平均值代表性越小，反之亦然。因此，监测结果常以"算术平均值±标准偏差"（$\bar{x} \pm s$）表示。

（3）用变异系数表示

变异系数（coefficient of variation，CV）是指一组测量数据的标准偏差（s）与测量数据平均值（$\bar{x}$）的比值，也是相对标准偏差。变异系数的计算公式同相对标准偏差：

$$CV = RSD = \frac{s}{\bar{x}} \times 100\% \tag{1-10}$$

标准偏差的大小与所测数据的均值水平或测量单位有关。不同水平或单位的测量结果之间，其标准偏差是无法进行比较的，而变异系数是相对值，故可在一定范围内用来比较不同水平或单位的测量结果之间的差异。

变异系数的大小同时受平均值和标准偏差两个统计量的影响，因而在利用变异系数表示测量结果时，常常将平均数和标准偏差也列出，即：（$\bar{x} \pm s$，CV）。

（4）用不确定度表示

不确定度是指由于测量误差的存在，对被测量值的不能确定的程度，即被测量值之间的分散程度。反过来，也表明该结果的可信赖程度。不确定度越小，表明结果与被测量的真值越接近，质量越高，其使用价值越高；反之亦然，不确定度越大，测量结果的质量越低，其使用用价值也越低。

1.1.2　测定结果的统计检验

在进行分析工作时，测定结果的平均值常被用作最终结果。因此，经常需要处理测定结果的平均值与标准值或真实值之间的比较，或者对比两组测定结果的平均值。为了判断这些平均值之间是否存在显著性差异，以及这些差异是由系统误差还是随机误差引起的，必须应用统计学中的显著性检验方法进行评估。在定量分析测定结果时，t 检验和 F 检验是两种常用的检验方法。这些方法主要适用于处理计量数据的测定结果。通过这些检验，我们可以更准确地评估数据的科学性和准确性。

1.1.2.1　F 检验

F 检验（F-test），也被称为联合假设检验、方差比率检验或方差齐性检验，也就是方差检验，可用于评判两组测定结果的精密度是否有显著差异，即偶然误差是否有显著差别。F 检验通过比较两组或多组数据的方差或标准差，来判断这些组之间的方差是否存在显著差异。具体而言，F 检验是通过计算 F 值（即两组方差之比）来判断的。F 值越大，表示两组数据的方差差异越大；F 值越小，表示两组数据的方差差异越小；如果 F 值接近 1，则表示两组数据的方差相等。F 检验的计算过程通常包括以下几个步骤。

（1）计算两组数据的方差

首先依据统计学公式，计算出两组测定结果的方差 $s^2_{\text{大}}$ 和 $s^2_{\text{小}}$。方差即是标准偏差的平方。

（2）计算 F 值

F 值的计算公式为两组方差之比，即计算 $s_{大}^2/s_{小}^2$，保证方差大的为分子，方差小的为分母，将其商记作 $F_{计}$。

（3）确定两组数据的自由度

在 F 检验中，需要确定两个自由度值，分别对应于两个方差的计算。对于样本方差，自由度通常为样本数量减 1。所以两组测定结果的自由度可分别表示为 $f_{大}=n_1-1$ 和 $f_{小}=n_2-1$。

（4）查找 F 分布表

根据两组数据的自由度，在 F 分布表中查找对应的 F 值记为 $F_{\alpha(f)}$。F 分布表如表 1-1 所示。

（5）进行显著性差异比较

若 $F_{计}\geqslant F_{\alpha(f)}$，说明两组测定结果的精密度存在显著性差异，即偶然误差差别显著；若 $F_{计}<F_{\alpha(f)}$，则说明两组测定结果的精密度不存在显著性差异，即偶然误差无显著差别。

表 1-1　F 分布表（$\alpha=0.05$）

自由度		$f_{大}$									
		2	3	4	5	6	7	8	9	10	∞
	2	19.00	19.16	19.25	19.30	19.33	19.36	19.37	19.38	19.39	19.50
	3	9.55	9.28	9.12	9.01	8.94	8.88	8.84	8.81	8.78	8.53
	4	6.94	6.59	6.39	6.26	6.16	6.09	6.04	6.00	5.96	5.63
	5	5.79	5.41	5.19	5.05	4.95	4.88	4.82	4.78	4.74	4.36
$f_{小}$	6	5.14	4.76	4.53	4.39	4.28	4.21	4.15	4.10	4.06	3.67
	7	4.74	4.35	4.12	3.97	3.87	3.79	3.73	3.68	3.63	3.23
	8	4.46	4.07	3.84	3.69	3.58	3.50	3.44	3.39	3.34	2.93
	9	4.26	3.86	3.63	3.48	3.37	3.29	3.23	3.18	3.13	2.71
	10	4.10	3.71	3.48	3.33	3.22	3.14	3.07	3.02	2.97	2.54
	∞	3.00	2.60	2.37	2.21	2.10	2.01	1.94	1.88	1.83	1.00

【例题 1-1】

某环境监测站对某地两种土壤中的氰含量进行测定，测定结果如表 1-2 所示，试利用 F 检验分析两种不同土壤的含氰量有无显著差异。

表 1-2　某地两种土壤中的氰含量测定结果

编号	氰含量/(mg/kg)							
土壤 1	0.368	0.642	0.658	0.513	0.815	0.521	0.241	0.743
土壤 2	0.726	0.464	0.806	0.533	0.825	0.553	0.527	0.544

解： 计算得到土壤 1 和土壤 2 的测定结果的方差分别为：

$$s_1^2=\frac{1}{n_1-1}\sum_{i=1}^{n_1}(x_{1i}-\bar{x}_1)^2=0.0367$$

$$s_2^2=\frac{1}{n_2-1}\sum_{i=1}^{n_2}(x_{2i}-\bar{x}_2)^2=0.0198$$

所以 $F_{计}$ 为：

$$F_{计} = \frac{s_{大}^2}{s_{小}^2} = \frac{s_1^2}{s_2^2} = \frac{0.0367}{0.0198} = 1.855$$

两组测定结果的自由度分别为：

$$f_1 = n_1 - 1 = 7$$
$$f_2 = n_2 - 1 = 7$$

根据自由度，查 F 分布表得 $F_{\alpha(f)}$ 为 3.79。所以 $F_{计} < F_{\alpha(f)}$，说明两种土壤的氰含量不存在显著性差异。

1.1.2.2 t 检验

t 检验（t-test），是一种统计假设检验方法，用于确定两组数据之间是否存在显著差异。它是在数据集的总体分布未知或样本量较小的情况下，用来比较两个平均值差异是否显著的常用方法，常用于平均值与真值的比较或者两组测定结果平均值的比较。

（1）平均值与真值的比较

为评判测定结果的准确度，判断测定过程是否存在较大系统误差，可将测定结果的平均值与真值进行比较，进行 t 检验，具体步骤如下。

① 计算均值和标准偏差。首先依据统计学公式，计算出测定结果的算术平均值和标准偏差。

② 计算 t 值。根据均值和标准偏差，按下式计算 t 值，计算出测定结果的 t 值记为 $t_{计}$。

$$t_{计} = \frac{|\bar{x} - \mu|}{s} \times \sqrt{n} \tag{1-11}$$

式中，μ 代表已知总体均值，一般为理论值或标准值。

③ 确定自由度。自由度通常为样本数量减 1，即自由度 $f = n - 1$。

④ 查找 t 分布表。根据自由度，在 t 分布表中查找对应的 t 值记为 $t_{\alpha(f)}$。t 分布表如表 1-3 所示。

⑤ 进行显著性差异比较。若 $t_{计} \geqslant t_{\alpha(f)}$，说明测定结果的平均值与真值之间存在显著性差异，即测定存在明显系统误差，需要校正；若 $t_{计} < t_{\alpha(f)}$，则说明测定结果的平均值与真值不存在显著性差异，即无明显系统误差，测定结果准确度可靠。

表 1-3　t 分布表

自由度	α[①]					
	0.25(0.5)	0.1(0.2)	0.05(0.1)	0.025(0.05)	0.01(0.02)	0.005(0.01)
1	1.000	3.078	6.314	12.706	31.821	63.657
2	0.816	1.886	2.920	4.303	6.965	9.925
3	0.765	1.638	2.353	3.182	4.541	5.841
4	0.741	1.533	2.132	2.776	3.747	4.604
5	0.727	1.476	2.015	2.571	3.365	4.032
6	0.718	1.440	1.943	2.447	3.143	3.707
7	0.711	1.415	1.895	2.365	2.998	3.499
8	0.706	1.397	1.860	2.306	2.896	3.355

自由度	α [①]					
	0.25(0.5)	0.1(0.2)	0.05(0.1)	0.025(0.05)	0.01(0.02)	0.005(0.01)
9	0.703	1.383	1.833	2.262	2.821	3.250
10	0.700	1.372	1.812	2.228	2.764	3.169
11	0.697	1.363	1.796	2.201	2.718	3.106
12	0.695	1.356	1.782	2.179	2.681	3.055
13	0.694	1.350	1.771	2.160	2.650	3.012
14	0.692	1.345	1.761	2.145	2.624	2.977
15	0.691	1.341	1.753	2.131	2.602	2.947
16	0.690	1.337	1.746	2.120	2.583	2.921
17	0.689	1.333	1.740	2.110	2.567	2.898
18	0.688	1.330	1.734	2.101	2.552	2.878
19	0.688	1.328	1.729	2.093	2.539	2.861
20	0.687	1.325	1.725	2.086	2.528	2.845
21	0.686	1.323	1.721	2.080	2.518	2.831
22	0.686	1.321	1.717	2.074	2.508	2.819
23	0.685	1.319	1.714	2.069	2.500	2.807
24	0.685	1.318	1.711	2.064	2.492	2.797
25	0.684	1.316	1.708	2.060	2.485	2.787
26	0.684	1.315	1.706	2.056	2.479	2.779
27	0.684	1.314	1.703	2.052	2.473	2.771
28	0.683	1.313	1.701	2.048	2.467	2.763
29	0.683	1.311	1.699	2.045	2.462	2.756
30	0.683	1.310	1.697	2.042	2.457	2.750
31	0.682	1.309	1.696	2.040	2.453	2.744
32	0.682	1.309	1.694	2.037	2.449	2.738
33	0.682	1.308	1.692	2.035	2.445	2.733
34	0.682	1.307	1.691	2.032	2.441	2.728
35	0.682	1.306	1.690	2.030	2.438	2.724
36	0.681	1.306	1.688	2.028	2.434	2.719
37	0.681	1.305	1.687	2.026	2.431	2.715
38	0.681	1.304	1.686	2.024	2.429	2.712
39	0.681	1.304	1.685	2.023	2.426	2.708
40	0.681	1.303	1.684	2.021	2.423	2.704
∞	0.6745	1.2816	1.6449	1.9600	2.3263	2.5758

① 括号外为单边，括号内为双边。

（2）两组测定结果平均值的比较

不同分析人员分析同一试样、同一分析人员采用不同方法分析同一试样或在不同环境下分析同一试样，所得测定结果的平均值经常是不完全相等的。令两组测定结果的测定次数、标准偏差、方差和平均值分别为 n_1，s_1，s_1^2，$\bar{x}_1$ 和 n_2，s_2，s_2^2，$\bar{x}_2$，这时可先用 F 检验评判两组测定结果的精密度有无显著性差异，若两组测定结果的精密度之间无显著性差异，可认定 $s_1 \approx s_2$，之后可用 t 检验法评判两组测定结果的准确度有无显著性差异。

① 计算出两组测定结果的合并标准偏差。

$$s_{并} = \sqrt{\frac{\sum_{i=1}^{n_1}(x_{1i}-\bar{x}_1)^2 + \sum_{i=1}^{n_2}(x_{2i}-\bar{x}_2)^2}{(n_1-1)+(n_2-1)}} = \sqrt{\frac{s_1^2(n_1-1)+s_2^2(n_2-1)}{(n_1-1)+(n_2-1)}} \quad (1\text{-}12)$$

② 计算 t 值。按下式计算 t 值，计算出测定结果的 t 值记为 $t_{计}$。

$$t_{计} = \frac{|\bar{x}_1-\bar{x}_2|}{s_{并}} \times \sqrt{\frac{n_1 n_2}{n_1+n_2}} \quad (1\text{-}13)$$

③ 确定自由度。自由度通常为样本数量减1，即总自由度 $f = n_1 + n_2 - 2$。

④ 查找 t 分布表。根据总自由度，在 t 分布表中查找对应的 t 值记为 $t_{\alpha(f)}$。

⑤ 进行显著性差异比较。若 $t_{计} \geq t_{\alpha(f)}$，说明两组测定结果的平均值之间存在显著性差异，准确度相差较大；若 $t_{计} < t_{\alpha(f)}$，则说明两组测定结果的平均值之间不存在显著性差异，测定结果具有可比性。

【例题 1-2】

某检测公司技术人员对某河流的水质进行研究，采用两种不同的监测方法（方法1和方法2）测定了河水中溶解氧（DO）含量，测量结果如表1-4所示。试用 t 检验判断这两种方法对河水溶解氧含量测定结果是否存在显著差异。

表 1-4　两种监测方法测得河水的溶解氧含量　　　　单位：mg/L

测定次数	1	2	3	4	5	6	7	8	9	10
方法 1	8.2	8.5	8.7	8.3	8.4	8.6	8.1	8.8	8.5	8.2
方法 2	9.0	9.2	9.1	9.3	9	9.4	9.0	9.1	9.2	9.3

解：计算得到方法1和方法2的均值和方差，分别为：

$$\bar{x}_1 = \frac{1}{n_1}\sum_{i=1}^{n_1}x_{1i} = 8.43, \quad s_1^2 = \frac{1}{n_1-1}\sum_{i=1}^{n_1}(x_{1i}-\bar{x}_1)^2 = 0.0534$$

$$\bar{x}_2 = \frac{1}{n_2}\sum_{i=1}^{n_2}x_{2i} = 9.16, \quad s_2^2 = \frac{1}{n_2-1}\sum_{i=1}^{n_2}(x_{2i}-\bar{x}_2)^2 = 0.0204$$

合并标准偏差为：

$$s_{并} = \sqrt{\frac{s_1^2(n_1-1)+s_2^2(n_2-1)}{(n_1-1)+(n_2-1)}} = 0.192$$

计算得到 $t_{计}$ 为：

$$t_{计} = \frac{|\bar{x}_1-\bar{x}_2|}{s_{并}} \times \sqrt{\frac{n_1 n_2}{n_1+n_2}} = 8.492$$

总自由度 $f = n_1 + n_2 - 2 = 18$，在 t 分布表中查找对应（单边 0.05）的 t 值为 $t_{\alpha(f)} = 1.734$。

可见，$t_{计} > t_{\alpha(f)}$，表明两种处理方法下河水溶解氧测定结果之间存在显著性差异。

统计检验是科学方法的重要组成部分，它能帮助研究者评估实验结果的可靠性和有效性。环境数据测定结果的统计检验是确保数据科学性和准确性的重要手段。统计检验可以帮助我们了解数据是否具有代表性、是否受到偶然因素的影响，以及不同数据集之间是否存在显著差异。正确地进行统计检验对于确保环境分析数据的准确性和可信度至关重要。

1.2 实验室内质量控制措施

实验室质量控制包括实验室内质量控制和实验室间质量控制。实验室内质量控制，又称为内部质量控制，是实验室分析人员对分析质量进行自我控制的过程，主要目的是要及时发现分析过程中某些偶然的异常现象，以便及时采取相应的校正措施。实验室间质量控制又称为外部质量控制，是指由上级主管部门等外部的第三方对实验室及其分析人员的分析质量定期或不定期实行分析质量考核的过程，主要目的是判断实验室分析是否存在系统误差，考察实验室报出可接受的分析结果的能力。

常用的实验室内质量控制包括空白试验、平行样分析、加标回收实验、标准物质对照分析、方法比较实验等措施。对经常性分析的常规项目，为了连续不断地监视和控制分析测定过程中可能出现的误差，可采用质量控制图进行控制。

1.2.1 空白试验

空白试验是指用纯水代替样品，其他所加试剂和操作步骤与样品测定完全相同的操作过程，也称为全程序空白试验。空白试验反映的是器皿、试剂、仪器等测量条件的稳定性以及分析人员的技术水平等因素。空白试验值的高低与实验用水和试剂的空白、容器是否沾污、仪器的性能及分析人员的技术水平等因素密切相关。空白试验应与样品测定同时进行。

样品的分析响应值（吸光度、峰高等）通常不仅是样品中待测物质的分析响应值，还包括所有其他因素（试剂的杂质、环境条件、仪器状态、操作过程中的污染等）的分析响应值。由于这些因素经常发生变化，为了掌握它们对试样测定的综合影响，在每次进行样品分析的同时，均应做空白试验，其响应值为空白试验值。当空白试验值较高时，应全面检查实验用水、容器、仪器性能及操作环境等影响因素。

1.2.2 平行样分析

1.2.2.1 平行样分析质量的表示

平行样分析常用于衡量分析结果的精密度。精密度是指用一特定的分析程序在受控条件下，用同一方法对同一均匀试样进行重复分析时，所得分析结果之间的一致性程度。精密度反映分析方法或测量系统所存在随机误差（偶然误差）的大小，分析过程的随机误差越小，则分析的精密度越高。可用标准偏差、相对标准偏差、极差、平均偏差、相对平均偏差等来表示精密度的大小，其中最为常用的是标准偏差。精密度不仅与分析方法有关，通常也与被测物质的含量水平有关。讨论精密度时常用到的术语如下。

① 平行性：在同一实验室，当操作人员、分析设备和分析时间均相同时，用同样方法对同一样品进行多份平行样测定的结果之间的符合程度。

② 重复性：在同一实验室，当操作人员、分析设备和分析时间三因素中至少有一项不相同时，用同样方法对同一样品多次独立测定的结果之间的符合程度。

③ 再现性：在不同实验室（操作人员、分析设备及分析时间都不相同），用同样方法对同一样品进行多次重复测定的结果之间的符合程度。

精密度是准确度的前提。在实际样品分析过程中，对有质控样品并绘有质控图的分析项目，一般应随机抽取 10%～20% 的样品进行平行双样测定，测定结果所得的相对偏差不得超出方法规定的范围。对没有质控样品和质控图的分析项目，全部样品都应进行平行双样测定。

1.2.2.2 精密度的检验

常用 F 检验法检验两组测量数据的精密度。

F 检验法的应用范围：比较不同条件下（不同地点、不同时间、不同分析方法、不同分析人员等）测量的两组数据是否具有相同的精密度。F 检验法的步骤参见 1.1.2。

1.2.3 加标回收实验

加标回收实验常用于判断分析结果的准确度，分为空白加标回收实验和样品加标回收实验。

空白加标回收实验：在没有被测物质的空白样品基质中加入定量的标准物质，按样品的处理步骤分析，得到的结果与加入标准物质的理论值之比即为空白加标回收率。

样品加标回收实验：取两份相同的样品，其中一份加入定量的待测成分标准物质，两份同时按相同的分析步骤分析，加标的一份所得的结果减去未加标的一份所得的结果，其差值与加入标准物质的理论值之比即为样品加标回收率。加标量一般应与试样中待测物质的含量相近，以待测试样含量的 0.5～2.0 倍为宜。

加标回收率的计算：

$$P = \frac{\text{加标试样测定值} - \text{试样测定值}}{\text{加标浓度}} \times 100\% \qquad (1\text{-}14)$$

抽取 10%～20% 的样品进行加标回收实验测定，所得结果不得超出方法规定的范围。

加标回收率实验方法简便，且能综合反映多种因素引起的误差，因此常用来判断某分析方法是否适用于特定试样的测定。但由于分析过程中对样品和加标样品的操作完全相同，以至于干扰的影响、操作误差、环境沾污、试剂影响、仪器性能等对二者也是完全相同的，误差可以相互抵消，因而难以对系统误差来源进行分析，以致无法找出测定中存在的具体问题。因此，加标回收率实验对准确度的控制有一定限制，实际工作中应同时使用其他质量控制方法。

【例题 1-3】

紫外分光光度法测定地表水中的硝酸盐时，采用加标回收实验进行准确度的控制。加标回收实验测定过程如下：分别取 200mL 水样两份置于 250mL 烧杯中，向其中一份水样加入 1.00mL 浓度为 100μg/mL 的硝酸盐标准溶液，相同条件下分别对上述两份水样采取 $Al(OH)_3$ 絮凝共沉淀预处理，待絮凝胶团下沉后，吸取上清液置于比色管中，备测定用。采用紫外分光光度法分别测得上述上清液中的硝酸盐浓度为：水样 0.48mg/L、加标水样 0.97mg/L。加标液体积小于等于加标样品体积 1% 时，可忽略加标体积。请计算硝酸盐测定的样品加标回收率。

解：

$$硝酸盐加标浓度 = \frac{1.00 \times 100}{200} = 0.50\,(mg/L)$$

$$加标回收率 = \frac{加标水样测定值 - 水样测定值}{加标浓度} \times 100\% = \frac{0.97 - 0.48}{0.50} \times 100\% = 98\%$$

1.2.4　标准物质对照分析

标准物质对照分析反映的是分析结果的准确度。在进行样品分析的同时，对标准物质、合成标准样品或密码样进行平行分析，将测定结果与已知浓度进行比较，用以判断试样的分析结果的准确度是否可以接受。

当选用的标准物质的基体组成与待测样品相差悬殊时，存在由于基体效应带来的差异。因此，尽量选用与样品基体组成相近的标准样品。

常用 t 检验法检验分析结果的准确度。t 检验法的一般步骤参见 1.1.2。

【例题 1-4】

已知某标准水样中氨氮的标准值为 2.39mg/L，采用实验室研制的某种新分析方法对其测定 9 次的平均值 $\overline{x}$ 为 2.46mg/L，标准偏差 $s = 0.102mg/L$。试问该新方法测得的结果是否存在系统误差？［已知：双边检验，$\alpha = 0.05$，$t_{\alpha(f)} = 2.31$］

解： 比较测定结果与已知值（标准值）是否存在系统误差，选用 t 检验法。

① 计算 $t_{计}$：

$$t_{计} = \frac{|\overline{x} - \mu|}{\dfrac{s}{\sqrt{n}}} = \frac{|2.46 - 2.39|}{\dfrac{0.102}{\sqrt{9}}} = 2.06$$

② 结果判断

因为 $t_{\alpha(f)} = 2.31$，$t_{计} = 2.06 < t_{\alpha(f)}$。

因此，新方法测得的结果无显著性差异，即该新方法测定值不存在系统误差。

1.2.5　方法比较实验（方法对照分析）

方法比较实验反映的是分析结果的准确度，是指采用不同方法对同一样品进行测定，比较两组分析结果的符合程度来估计测定的准确度。比较不同方法测定条件下获得的两组测量数据的准确度之间是否存在差异，可用 t 检验法进行检验。

方法比较实验的计算过程具体如下。

① 假设两组测量结果的均值无显著性差异。

② 计算总体标准偏差。

③ 计算统计值。

④ 根据显著性水平及自由度查 t 临界值表。

⑤ 判断假设是否成立：$t \leqslant t_{\alpha(f)}$，则无显著性差异；$t > t_{\alpha(f)}$，则有显著性差异。

在方法比较实验中，采用不同的分析方法对同一样品进行分析时，影响测量结果的因素不尽相同，使得系统误差不能抵消，因此方法比较实验用于核查分析的准确度具有更大优势。在一些重要的分析考核中，常常采用方法比较实验。

【例题 1-5】

采用两种不同分析方法对采集自某河段水样中的总磷分别进行 6 次测定，统计结果如表 1-5 所示。请分析两种不同分析方法获得的两组数据之间是否存在显著性差异？［已知：总自由度为 10 时，双边检验，$t_{0.05(10)}=2.23$］

表 1-5　两种分析方法测得的总磷统计数据

分析方法	平均值/(mg/L)	标准偏差/(mg/L)	测定次数
方法 1	11.5	0.21	6
方法 2	10.1	0.13	6

解：

① 计算合并标准偏差：

$$s_{并}=\sqrt{\frac{s_1^2(n_1-1)+s_2^2(n_2-1)}{(n_1-1)+(n_2-1)}}$$

$$=\sqrt{\frac{0.21^2(6-1)+0.13^2(6-1)}{(6-1)+(6-1)}}=\sqrt{\frac{0.21^2+0.13^2}{2}}=0.1746$$

② 计算 $t_{计}$ 值：

$$t_{计}=\frac{|\overline{x}_1-\overline{x}_2|}{s_{并}}\times\sqrt{\frac{n_1n_2}{n_1+n_2}}=\frac{11.5-10.1}{0.1746}\times\sqrt{\frac{6\times6}{6+6}}=13.89$$

③ 结果判断：

$t_{计}>t_{0.05(10)}$，因此，两种分析方法获得的两组数据之间存在显著性差异，即存在系统误差。

1.2.6　密码样分析

密码样质量控制技术适用于设有质量控制的专设机构或专职人员的单位使用，属于他控方式的质量控制技术。由于设有专职人员，就可以将一定数量的已知样品（标准样或质控样）和常规样品同时安排给分析人员进行测定。这些已知样品对分析人员本人是未知样（密码样），测试结果经专职人员核对无误，即表示数据的质量是可以接受的。

密码样分析用于判断测试结果的准确度。分析人员对密码标样进行测定，测试结果经专职人员核对，按标准保证值的不确定度检查质量。若分析结果超出不确定度范围，则要从人员、仪器、试剂等方面查找原因。

【例题 1-6】

某实验室分析人员在进行某废水样中氨氮的测定时，同时按照实验室质量控制负责人的要求进行了氨氮密码样的分析。氨氮密码样测定的平均值为 17.9mg/L，请问该分析人员测得的氨氮密码样分析结果是否符合要求？［已知：氨氮密码样的推荐值范围为（18.4±1.0）mg/L］

解：该分析人员测得的氨氮密码样分析结果为 17.9mg/L，该测定值在氨氮密码样的推荐值范围（18.4±1.0）mg/L 内，可见密码样分析结果符合要求。

第2章
现代光谱技术在环境分析中的应用

随着现代环境分析对象由常量浓度分析向痕量、超痕量浓度分析方向发展，这对环境分析技术提出了更高的要求，现代环境分析技术必将朝着更好的准确度、更高的灵敏度和精密度、更好的选择性、更广的测定范围、更高的分析效率等方向发展。光谱法是基于物质与辐射作用时，原子或分子发生能级跃迁而产生发射、吸收或散射的波长或强度等信号变化进行分析的方法。与色谱分析法相比，光谱分析法不涉及化合物的分离过程，具有分析效率高、灵敏度高、选择性好等特点，在环境污染物的分析测定中得到广泛应用。

根据作用对象的不同，光谱法分为分子光谱法和原子光谱法。常用于环境分析的原子光谱法包括基于原子外层电子跃迁的原子吸收光谱法（AAS）、原子发射光谱法（AES）、原子荧光光谱法（AFS）和基于原子内层跃迁的X射线荧光光谱法（XFS）。分子光谱法包括紫外-可见光谱法、荧光光谱法、磷光光谱法、红外光谱法、核磁共振波谱法、拉曼光谱法等。光谱法除了可用于污染物的定量分析外，还能提供环境化合物大量的结构信息，在研究污染物的组成、结构表征等方面也具有重要作用。

现代光谱技术广泛用于环境中金属元素及无机元素的分析，例如，电感耦合等离子体发射光谱法应用于水中无机元素的测定（HJ 776）、空气和废气颗粒物中金属元素的测定（HJ 777）、固体废物中金属元素的测定（HJ 781）；原子荧光光谱法及其联用技术应用于土壤和沉积物中甲基汞和乙基汞的测定（HJ 1269），水中烷基汞的测定（HJ 977），水中汞、砷、硒、铋、锑的测定（HJ 694），环境空气和废气颗粒物中砷、硒、铋、锑的测定（HJ 1133），土壤和沉积物中汞、砷、硒、铋、锑的测定（HJ 680），固体废物中汞、砷、硒、铋、锑的测定（HJ 702）；X射线荧光光谱法应用于环境空气颗粒物中无机元素的测定（HJ 830、HJ 829）、土壤和沉积物中无机元素的测定（HJ 780）、固体废物中无机元素的测定（HJ 1211）；火焰原子吸收分光光度法和石墨炉原子吸收分光光度法也被广泛应用于水质（GB 7475、GB 11904、GB 11905、GB 11907、GB 11911、GB 11912、HJ 603、HJ 757、HJ 807、HJ 957、HJ 1046）、环境空气或废气（GB/T 15264、HJ 539、HJ 684、HJ 685）、土壤和沉积物（GB/T 17138、GB/T 17139、HJ 1080、HJ 1081）、固体废物（HJ 749、HJ 750、HJ 767、HJ 786、HJ 787）中金属元素的测定。

2.1 火焰原子吸收分光光度法测定土壤中的重金属元素

原子吸收分光光度法是根据物质的基态原子蒸气对特征辐射的选择性吸收来进行元素定量分析的方法。溶液中的金属离子化合物在高温下能够解离成原子蒸气，当光源发射出的特征波长光辐射通过原子蒸气时，原子的外层电子吸收能量，特征谱线的光强度减弱，光强度的变化符合朗伯-比尔定律，可进行定量分析。原子吸收分光光度法具有检出限低、灵敏度和准确度高、选择性好、抗干扰能力强、分析速度快、可实现自动进样分析等特点，可在同一试液中测定多种元素，样品消耗量少，是测金属元素的主要手段之一，在环境分析中广泛应用。

土壤中常见的重金属污染物包括铜、锌、铅、镍、铬、汞、镉等，主要来源于冶炼厂、矿山、化工厂等工业废渣以及工业废水渗入、大气污染沉降等。土壤一旦被重金属污染，就很难彻底清除。重金属元素在土壤中容易被土壤胶体所吸附，一般不容易随水迁移，不能被微生物降解，有的甚至转化为毒性更强的金属有机化合物（如甲基汞），在植物体内富集，并通过食物链给人类健康带来潜在危害。测定土壤重金属的常用测定方法有火焰原子吸收分光光度法（HJ 491）、波长色散 X 射线荧光光谱法（HJ 780）、石墨炉原子吸收分光光度法（GB/T 17141）、微波消解/原子荧光法（HJ 680）、电感耦合等离子体质谱法（HJ 1315）、碱熔-电感耦合等离子体发射光谱法（HJ 974）等。本实验采用火焰原子吸收分光光度法测定土壤中的铜、锌、铅、镍、铬等重金属元素（HJ 491）。

2.1.1 实验目的

① 熟悉原子吸收分光光度计的基本构造和分析条件选择。
② 掌握火焰原子吸收分光光度法测定重金属元素的基本原理及土壤样品的预处理方法。
③ 能够针对测定对象的具体情况，选择合适的预处理方法、分析测试条件和质量控制措施，实现对土壤中重金属元素的准确测定。

2.1.2 方法原理

土壤样品经酸消解后，试样中铜、锌、铅、镍和铬在空气-乙炔火焰中原子化，其基态原子分别对铜、锌、铅、镍和铬的特征谱线产生选择性吸收，其吸收强度在一定范围内与铜、锌、铅、镍和铬的浓度成正比。

当取样量为 0.2g、消解后定容体积为 25mL 时，铜、锌、铅、镍和铬的方法检出限分别为 1mg/kg、1mg/kg、10mg/kg、3mg/kg 和 4mg/kg，测定下限分别为 4mg/kg、4mg/kg、40mg/kg、12mg/kg 和 16mg/kg。

2.1.3 仪器和设备

① 火焰原子吸收分光光度计及相应的辅助设备，配有乙炔-空气燃烧器。仪器操作参数可参考厂家的说明进行选择。
② 光源：铜、锌、铅、镍和铬空心阴极灯或连续光源。
③ 电热消解装置：温控电热板或石墨电热消解仪，温控精度±5℃。
④ 微波消解装置：功率 600～1500W，配备微波消解罐。
⑤ 聚四氟乙烯坩埚或聚四氟乙烯消解管：50mL。
⑥ 分析天平：感量为 0.1mg。
⑦ 一般实验室常用器皿和设备。

2.1.4 试剂和材料

除非另有说明，分析时均使用符合国家标准的优级纯试剂，实验用水为电阻率≥18.2MΩ·cm 的超纯水。

① 盐酸：$\rho(HCl)=1.19g/mL$。

② 硝酸：$\rho(HNO_3)=1.42g/mL$。

③ 氢氟酸：$\rho(HF)=1.49g/mL$。

④ 高氯酸：$\rho(HClO_4)=1.68g/mL$。

⑤ 盐酸溶液（1+1）。

⑥ 硝酸溶液（1+99）。

⑦ 单元素标准储备溶液（$\rho=1.00mg/mL$）：市售有证标准溶液，存放于聚乙烯瓶或聚丙烯瓶中，密封，避光，于 4℃冷藏保存。

⑧ 单元素标准使用溶液（$\rho=100mg/L$）：用硝酸溶液（1+99）稀释单元素标准储备溶液，配制成浓度为 100mg/L 的标准使用溶液。

⑨ 燃气：乙炔，用钢瓶或由乙炔发生器供给，纯度≥99.5%。

⑩ 助燃气：空气，一般由空气压缩机供给，进入燃烧器以前应经过适当过滤，以除去其中的水、油和其他杂质。

2.1.5　干扰消除

① 低于 1000mg/L 的铁对锌的测定无干扰。

② 低于 2000mg/L 的钾、钠、镁、铁、铝和低于 1000mg/L 的钙对铅的测定无干扰。

③ 使用 232.0nm 作测定镍的吸收线时，存在波长相近的镍三线光谱影响，选择 0.2nm 的光谱通带可减少影响。

④ 使用还原性火焰，土壤中共存的常见元素对铬的测定无干扰。

2.1.6　样品制备及预处理

（1）样品采集和保存

土壤样品按照 HJ/T 166 的相关要求进行采集和保存。

（2）样品制备

除去样品中的异物（枝棒、叶片、石子等），按照 HJ/T 166 的要求，将采集的样品在实验室中风干、破碎、过筛，保存备用。

（3）干物质和水分的测定

按照 HJ 613 测定土壤样品的干物质和水分，并计算干物质含量（w_{dm}）。

（4）样品的预处理

① 电热板消解法。称取 0.2～0.3g（精确至 0.1mg）样品于 50mL 聚四氟乙烯坩埚中，用水润湿后加入 10mL 盐酸（$\rho=1.19g/mL$），于通风橱内电热板上 90～100℃加热，使样品初步分解，待消解液蒸发至剩余约 3mL 时，加入 9mL 硝酸（$\rho=1.42g/mL$），加盖加热至无明显颗粒，加入 5～8mL 氢氟酸，开盖，于 120℃加热飞硅 30min，稍冷，加入 1mL 高氯酸，于 150～170℃加热至冒白烟，加热时应经常摇动坩埚。若坩埚壁上有黑色碳化物，加入 1mL 高氯酸，加盖继续加热至黑色碳化物消失，再开盖，加热赶酸至内容物呈不流动的液珠状（趁热观察）。加入 3mL 硝酸溶液（1+99），温热溶解可溶性残渣，全量转移至 25mL 容量瓶中，用硝酸溶液（1+99）定容至标线，摇匀，保存于聚乙烯瓶中，静置，取上清液待测。于 30d 内完成分析。

② 石墨电热消解法。称取 0.2～0.3g（精确至 0.1mg）样品于 50mL 聚四氟乙烯消解管

中，用水润湿后加入 5mL 盐酸（$\rho=1.19g/mL$），于通风橱内石墨电热消解仪上 100℃ 加热 45min。加入 9mL 硝酸（$\rho=1.42g/mL$）加热 30min，加入 5mL 氢氟酸加热 30min，稍冷，加入 1mL 高氯酸，加盖 120℃ 加热 3h。开盖，150℃ 加热至冒白烟，加热时需摇动消解管。若消解管内壁有黑色碳化物，加入 0.5mL 高氯酸加盖继续加热至黑色碳化物消失，开盖，160℃ 加热赶酸至内容物呈不流动的液珠状（趁热观察）。加入 3mL 硝酸溶液（1+99），温热溶解可溶性残渣，全量转移至 25mL 容量瓶中，用硝酸溶液（1+99）定容至标线，摇匀，保存于聚乙烯瓶中，静置，取上清液待测。于 30d 内完成分析。

③ 微波消解法。称取 0.2～0.3g（精确至 0.1mg）样品于消解罐中，用少量水润湿后加入 3mL 盐酸（$\rho=1.19g/mL$）、6mL 硝酸（$\rho=1.42g/mL$）、2mL 氢氟酸，按照 HJ 832 消解方法一消解样品。试样定容后，保存于聚乙烯瓶中，静置，取上清液待测。于 30d 内完成分析。

（5）全程序空白试样的制备

不称取样品，按照与样品预处理相同的步骤进行全程序空白试样的制备。每批样品至少制备 2 个全程序空白试样。

2.1.7 分析步骤

（1）仪器测量条件

根据仪器操作说明书调节仪器至最佳工作状态，不同厂家及型号的仪器最佳测量条件不完全一样。参考测量条件见表 2-1。

表 2-1 仪器参考测量条件

元素	铜	锌	铅	镍	铬
光源	锐线光源（铜空心阴极灯）	锐线光源（锌空心阴极灯）	锐线光源（铅空心阴极灯）	锐线光源（镍空心阴极灯）	锐线光源（铬空心阴极灯）
灯电流/mA	5.0	5.0	8.0	4.0	9.0
测定波长/nm	324.7	213.0	283.3	232.0	357.9
通带宽度/nm	0.5	1.0	0.5	0.2	0.2
火焰类型	中性	中性	中性	中性	还原性

注：测定铬时，应调节燃烧器高度，使光斑通过火焰的亮蓝色部分。

（2）标准曲线的绘制

取 100mL 容量瓶，按表 2-2 用硝酸溶液（1+99）分别稀释各元素标准使用溶液，配制成混合元素标准系列。

表 2-2 各元素标准系列

元素	标准系列/(mg/L)					
铜	0.00	0.10	0.50	1.00	3.00	5.00
锌	0.00	0.10	0.20	0.30	0.50	0.80
铅	0.00	0.50	1.00	5.00	8.00	10.00
镍	0.00	0.10	0.50	1.00	3.00	5.00
铬	0.00	0.10	0.50	1.00	3.00	5.00

注：可根据仪器灵敏度或待测试样的浓度调整标准系列范围，至少配制 6 个浓度点（含零浓度点）。

按照仪器测量条件，用标准曲线零浓度点调节仪器零点，由低浓度到高浓度依次测定标准系列的吸光度，以各元素标准系列质量浓度为横坐标，相应的吸光度为纵坐标，建立各元素的标准曲线。

（3）试样的测定

按照与标准曲线绘制相同的仪器条件和步骤进行预处理后试样的测定。

（4）全程序空白试验

按照与试样测定相同的仪器条件和步骤进行全程序空白试样的测定。每批样品至少测定 2 个全程序空白试样。

2.1.8　数据处理与结果表示

土壤中铜、锌、铅、镍和铬的质量分数 w_i（mg/kg），按照以下公式进行计算：

$$w_i = \frac{(\rho_i - \rho_{0i})V}{m w_{dm}} \tag{2-1}$$

式中　w_i——土壤中元素的质量分数，mg/kg；

ρ_i——试样中元素的质量浓度，mg/L；

ρ_{0i}——空白试样中元素的质量浓度，mg/L；

V——消解后试样的定容体积，mL；

m——土壤样品的称样量，g；

w_{dm}——土壤样品的干物质含量，%。

测定结果小数点后位数最多不能超过方法检出限的小数位数，最多保留三位有效数字。

2.1.9　质量保证和质量控制

① 每批样品至少做两个全程序空白试验，空白试验中锌的测定结果应低于测定下限，其余元素的测定结果应低于方法检出限。

② 每次分析应建立标准曲线，其相关系数应≥0.999。

③ 每 20 个样品或每批次（少于 20 个样品/批）分析结束后，需进行标准系列零浓度点和中间浓度点核查。零浓度点测定结果应低于方法检出限，中间浓度测定值与标准值的相对误差应在±10%以内。

④ 每 20 个样品或每批次（少于 20 个样品/批）应分析一个平行样，平行样测定结果相对偏差应≤20%。

⑤ 每 20 个样品或每批次（少于 20 个样品/批）应同时测定一个有证标准样品，其测定结果与保证值的相对误差应在±15%以内；或每 20 个样品或每批次（少于 20 个样品/批）应分析一个基体加标样品，加标回收率应为80%~120%。

2.1.10　实验废物处置

实验中产生的废物应分类收集，并做好相应标识，其中危险废物应委托具备《危险废物经营许可证》的单位进行处置。

2.1.11　注意事项

① 样品消解时应注意各种酸的加入顺序。

② 全程序空白试样制备时的加酸量要与试样制备时的加酸量保持一致。

③ 若样品基体复杂,可适当提高试样酸度,同时注意标准曲线的酸度应与试样酸度保持一致。

④ 对于基体复杂的土壤样品,测定时需采用仪器背景校正功能。

2.1.12 思考题

① 火焰原子吸收分光光度法测定时常见的化学干扰有哪些?如何抑制?

② 对土壤样品进行消解的目的是什么?消解后的试液应达到什么要求?

③ 比较电热板消解法和微波消解法的优缺点。

④ 光谱通带宽度对测定有何影响?举例说明如何根据测定对象的特点选择合适的光谱通带宽度。

⑤ 空心阴极灯电流对测定有何影响?应如何选择灯电流的大小?

2.2 冷原子吸收分光光度法测定工业废水中的汞

工业废水中的汞来源于多个工业过程,主要包括化工、冶金、电子、轻工、废物处理、汞矿开采和冶炼等行业,汞可以通过多种途径进入水体,包括直接排放、地表径流等,造成水体污染。在产生汞的众多污染源中,人为活动导致的汞排放占据了相当大的比例,根据东南大学段钰锋教授等的研究,全球范围内煤燃烧是大气人为汞排放的最主要来源,占汞排放总量的 $37\%\sim54\%$。我国南方地区(如贵州、湖南、四川)分布着世界级的汞矿群,不适当的资源开发也会导致环境汞污染。

汞具有很强的持久性和生物累积性。工业废水中的汞排放进入水体后,沉积在底泥中,随后转化为剧毒的甲基汞。甲基汞可以通过食物链逐级富集,最终影响到生态系统中的高级生物,包括人类。长期暴露于含汞的环境中可能会引发慢性汞中毒,表现为神经衰弱、口腔炎、震颤等症状。严重时,汞中毒可能导致脑损伤、神经肌肉功能障碍、记忆力减退等。

工业废水中汞的测定方法经历了多年的发展,形成了多种成熟的分析技术,包括冷原子吸收分光光度法(HJ 597)、热分解齐化原子吸收光度法(美国环境保护署 EPA 7473)、原子荧光光谱法(HJ 694)、双硫腙分光光度法(GB 7469)等。随着技术的进步,汞的测定方法正朝着更快速、更简便、成本更低且环境友好的方向发展。本实验介绍的冷原子吸收分光光度法是一种传统的测定方法,已被纳入国家标准,适用于地表水、地下水、工业废水和生活污水中总汞的测定,具有较高的灵敏度和准确度。

2.2.1 实验目的

① 了解冷原子吸收汞分析仪、微波消解仪的基本构造、使用方法和注意事项。

② 掌握冷原子吸收分光光度法测定工业废水中的汞的方法原理及实验操作技能。

③ 能够根据工业废水的不同特点,针对性地选取高锰酸钾-过硫酸钾消解法、溴酸钾-溴化钾消解法、微波消解法等方式进行样品的预处理,准确地测定工业废水中的汞。

④ 实验废液分类处置意识贯穿实验教学全过程,培养职业伦理意识,增强社会责任感。

2.2.2 方法原理

在加热条件下,用高锰酸钾和过硫酸钾在硫酸-硝酸介质中消解样品,或用溴酸钾-溴化钾混合剂在硫酸介质中消解样品，或在硝酸-盐酸介质中用微波消解仪消解样品。

消解后的样品中所含汞全部转化为二价汞，用盐酸羟胺将过剩的氧化剂还原，再用氯化亚锡将二价汞还原成金属汞。在室温下通入空气或氮气，将金属汞汽化，载入冷原子吸收汞分析仪，于 253.7nm 波长处测定响应值，汞的含量与响应值成正比。

2.2.3　仪器和设备

① 冷原子吸收汞分析仪，具空心阴极灯或无极放电灯。

② 反应装置：总容积为 250mL、500mL，具有磨口，带莲蓬形多孔吹气头的玻璃翻泡瓶，或与仪器相匹配的反应装置。采用密闭式反应装置可测定更低含量的汞，反应装置见图 2-1。该反应装置的泵、连接管和流量计宜采用聚四氟乙烯、聚砜等材质。

③ 微波消解仪：具有升温程序功能。

④ 可调温电热板或高温电炉。

⑤ 恒温水浴锅：温控范围为室温至 100℃。

⑥ 微波消解罐。

⑦ 样品瓶：500mL、1000mL，硼硅玻璃或高密度聚乙烯材质。

⑧ 一般实验室常用仪器和设备。

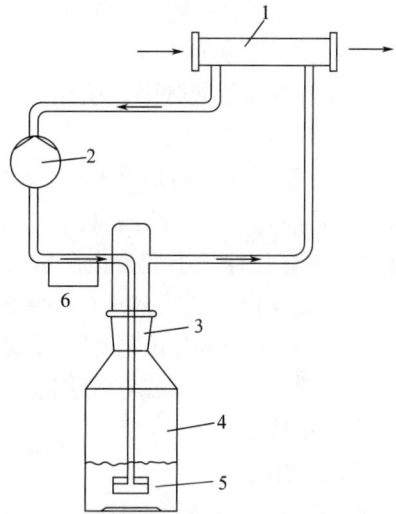

图 2-1　密闭式反应装置

1—吸收池，内径 2cm，长 15cm，材质为硼硅玻璃或石英，吸收池的两端具有石英窗；2—循环泵（隔膜泵或蠕动泵），流量为1~2L/min；3—玻璃磨口（磨口直径/磨口高度为 29/32）；4—反应瓶，100mL、250mL和 1000mL；5—多孔玻板；6—流量计

2.2.4　试剂和材料

除非另有说明，分析时均使用符合国家标准的分析纯试剂，实验用水为无汞水。

① 无汞水：一般使用二次重蒸水或去离子水。也可使用加浓盐酸酸化至 pH=3，然后通过巯基棉纤维管除汞后的蒸馏水。

② 重铬酸钾（$K_2Cr_2O_7$）：优级纯。

③ 浓硫酸：$\rho(H_2SO_4)=1.84g/mL$，优级纯。

④ 浓盐酸：$\rho(HCl)=1.19g/mL$，优级纯。

⑤ 浓硝酸：$\rho(HNO_3)=1.42g/mL$，优级纯。

⑥ 硝酸溶液（1+1）：量取 100mL 浓硝酸，缓慢倒入 100mL 水中。

⑦ 高锰酸钾溶液 [$\rho(KMnO_4)=50g/L$]：称取 50g 高锰酸钾（优级纯，必要时重结晶精制）溶于少量水中，然后用水定容至 1000mL。

⑧ 过硫酸钾溶液 [$\rho(K_2S_2O_8)=50g/L$]：称取 50g 过硫酸钾溶于少量水中，然后用水定容至 1000mL。

⑨ 溴酸钾-溴化钾溶液（简称溴化剂）：$c(KBrO_3)=0.1mol/L$，$\rho(KBr)=10g/L$。

称取 2.784g 溴酸钾（优级纯）溶于少量水中，加入 10g 溴化钾。溶解后用水定容至1000mL，置于棕色试剂瓶中保存。若见溴释出，应重新配制。

⑩ 巯基棉纤维：于棕色磨口广口瓶中，依次加入 100mL 硫代乙醇酸（$CH_2SHCOOH$）、

60mL 乙酸酐 [$(CH_3CO)_2O$]、40mL 36% 乙酸（CH_3COOH）、0.3mL 浓硫酸，充分混匀，冷却至室温后，加入 30g 长纤维脱脂棉，铺平，使之浸泡完全，用水冷却，待反应产生的热散去后，加盖，放入（40±2）℃烘箱中 2～4d 后取出。用耐酸过滤器抽滤，用水充分洗涤至中性后，摊开，于 30～35℃下烘干。成品置于棕色磨口广口瓶中，避光低温保存。

⑪ 盐酸羟胺溶液 [$\rho(NH_2OH \cdot HCl) = 200g/L$]：称取 200g 盐酸羟胺溶于适量水中，然后用水定容至 1000mL。该溶液常含有汞，应提纯。当汞含量较低时，采用巯基棉纤维管除汞法；当汞含量较高时，先按萃取除汞法除掉大量汞，再按巯基棉纤维管除汞法除尽汞。

a. 巯基棉纤维管除汞法：在内径 6～8mm、长约 100mm、一端拉细的玻璃管，或 500mL 分液漏斗放液管中，填充 0.1～0.2g 巯基棉纤维，将待净化试剂以 10mL/min 速度流过 1～2 次即可除尽汞。

b. 萃取除汞法：量取 250mL 盐酸羟胺溶液倒入 500mL 分液漏斗中，每次加入 0.1g/L 双硫腙（$C_{13}H_{12}N_4S$）的四氯化碳（CCl_4）溶液 15mL，反复进行萃取，直至含双硫腙的四氯化碳溶液保持绿色不变为止。然后用四氯化碳萃取，以除去多余的双硫腙。

⑫ 氯化亚锡溶液 [$\rho(SnCl_2) = 200g/L$]：称取 20g 氯化亚锡（$SnCl_2 \cdot 2H_2O$）于干燥的烧杯中，加入 20mL 浓盐酸，微微加热。待完全溶解后，冷却，再用水稀释至 100mL。若含有汞，可通入氮气或空气去除。

⑬ 重铬酸钾溶液 [$\rho(K_2Cr_2O_7) = 0.5g/L$]：称取 0.5g 重铬酸钾溶于 950mL 水中，再加入 50mL 浓硝酸。

⑭ 汞标准贮备液 [$\rho(Hg) = 100mg/L$]：称取置于硅胶干燥器中充分干燥的 0.1354g 氯化汞（$HgCl_2$），溶于重铬酸钾溶液后，转移至 1000mL 容量瓶中，再用重铬酸钾溶液稀释至标线，混匀。也可购买有证标准溶液。

⑮ 汞标准中间液 [$\rho(Hg) = 10.0mg/L$]：量取 10.00mL 汞标准贮备液至 100mL 容量瓶中，用重铬酸钾溶液稀释至标线，混匀。

⑯ 汞标准使用Ⅰ [$\rho(Hg) = 0.1mg/L$]：量取 10.00mL 汞标准中间液至 1000mL 容量瓶中，用重铬酸钾溶液稀释至标线，混匀。室温阴凉处放置，可稳定 100d 左右。

⑰ 汞标准使用液Ⅱ [$\rho(Hg) = 10\mu g/L$]：量取 10.00mL 汞标准使用液Ⅰ至 100mL 容量瓶中，用重铬酸钾溶液稀释至标线，混匀。临用现配。

⑱ 稀释液：称取 0.2g 重铬酸钾溶于 900mL 水中，再加入 27.8mL 浓硫酸，用水稀释至 1000mL。

⑲ 仪器洗液：称取 10g 重铬酸钾溶于 9L 水中，加入 1000mL 浓硝酸。

2.2.5 质量保证和质量控制

① 每批样品均应绘制校准曲线，相关系数应大于等于 0.999。

② 每批样品应至少做一个空白试验，测定结果应小于 2.2 倍检出限，否则应检查试剂纯度，必要时更换试剂或重新提纯。

③ 每批样品应至少测定 10% 的平行样品，样品数不足 10 个时，应至少测定一个平行样品。当样品总汞含量≤1μg/L 时，测定结果的最大允许相对偏差为 30%；当样品总汞含量在 1～5μg/L 之间时，测定结果的最大允许相对偏差为 20%；当样品总汞含量＞5μg/L 时，测定结果的最大允许相对偏差为 15%。

④ 每批样品应至少测定 10% 的加标回收样品，样品数不足 10 个时，应至少测定一个加

标回收样品。当样品总汞含量≤1μg/L 时，加标回收率应在 85%～115%之间；当样品总汞含量＞1μg/L 时，加标回收率应在 90%～110%之间。

2.2.6　干扰消除

① 采用高锰酸钾-过硫酸钾消解法消解样品，在 0.5mol/L 的盐酸介质中，样品中离子超过一定质量浓度时（即 Cu^{2+} 为 500mg/L、Ni^{2+} 为 500mg/L、Ag^+ 为 1mg/L、Bi^{3+} 为 0.5mg/L、Sb^{3+} 为 0.5mg/L、Se^{4+} 为 0.05mg/L、As^{5+} 为 0.5mg/L、I^- 为 0.1mg/L），对测定产生干扰。可通过用水适当稀释样品来消除这些离子的干扰。

② 采用溴酸钾-溴化钾法消解样品，当洗净剂质量浓度大于等于 0.1mg/L 时，汞的回收率小于 67.7%。

2.2.7　样品制备及预处理

2.2.7.1　样品的采集和保存

采集水样时，样品应尽量充满样品瓶，以减少器壁吸附。工业废水样品采集量应不少于 500mL。

采样后应立即以每升水样中加入 10mL 浓盐酸的比例对水样进行固定，固定后水样的 pH 值应小于 1，否则应适当增加浓盐酸的加入量，然后加入 0.5g 重铬酸钾，若橙色消失，应适当补加重铬酸钾，使水样呈持久的淡橙色，密塞，摇匀。在室温阴凉处放置，可保存 1 个月。

2.2.7.2　试样的制备

根据样品特性可以选择以下三种方法制备试样。

（1）高锰酸钾-过硫酸钾消解法

① 近沸保温法。

a. 样品摇匀后，量取 100.0mL 样品移入 250mL 锥形瓶中。若样品中汞含量较高，可减少取样量并稀释至 100mL。

b. 依次加入 2.5mL 浓硫酸、2.5mL 硝酸溶液（1＋1）和 4mL 高锰酸钾溶液，摇匀。若 15min 内不能保持紫色，则需补加适量高锰酸钾溶液，以使颜色保持紫色，但高锰酸钾溶液总量不超过 30mL。随后，加入 4mL 过硫酸钾溶液。

c. 插入漏斗，置于沸水浴中在近沸状态保温 1h，取下冷却。

d. 测定前，边摇边滴加盐酸羟胺溶液，直至刚好使过剩的高锰酸钾及器壁上的二氧化锰全部褪色为止，待测。

② 煮沸法。该消解方法适用于含有机物和悬浮物较多、组成复杂的工业废水。

a. 按照"近沸保温法"步骤 a 量取样品，按照"近沸保温法"步骤 b 加入试剂。

b. 向锥形瓶中加入数粒玻璃珠或沸石，插入漏斗，擦干瓶底，然后用高温电炉或可调温电热板加热煮沸 10min，取下冷却。

c. 按照"近沸保温法"步骤 d 进行操作。

（2）溴酸钾-溴化钾消解法

该消解方法适用于含有机物（特别是洗净剂）较少的工业废水。

① 样品摇匀后，量取 100.0mL 样品移入 250mL 具塞聚乙烯瓶中。若样品中汞含量较高，可减少取样量并稀释至 100mL。

② 依次加入 5mL 浓硫酸、5mL 溴化剂,加塞,摇匀,20℃以上室温放置 5min 以上。试液中应有橙黄色溴释出,否则可适当补加溴化剂。但每 100mL 样品中最大用量不应超过 16mL。若仍无溴释出,则该消解方法不适用,可改用煮沸法或微波消解法进行消解。

③ 测定前,边摇边滴加盐酸羟胺溶液还原过剩的溴,直至刚好使过剩的溴全部褪色为止,待测。

（3）微波消解法

该方法适用于含有机物较多的工业废水。

① 样品摇匀后,量取 25.0mL 样品移入微波消解罐中。若样品中汞含量较高,可减少取样量并稀释至 25mL。

② 依次加入 2.5mL 浓硝酸和 2.5mL 浓盐酸,摇匀,加塞,室温静置 30～60min。若反应剧烈则适当延长静置时间。

③ 将微波消解罐放入微波消解仪中,按照表 2-3 推荐的升温程序进行消解。消解完毕后,冷却至室温转移消解液至 100mL 容量瓶中,用稀释液定容至标线,待测。

表 2-3 微波消解升温程序

步骤	最大功率/W	功率/%	升温时间/min	温度/℃	保持时间/min
1	1200	100	5	120	2
2	1200	100	5	150	2
3	1200	100	5	180	5

2.2.7.3 空白试样的制备

用水代替样品,按照试样的制备步骤制备空白试样,并把采样时加的试剂量考虑在内。

2.2.8 分析步骤

（1）仪器调试

按照仪器说明书进行调试。

（2）高浓度校准曲线的绘制

① 分别量取 0.00mL、0.50mL、1.00mL、1.50mL、2.00mL、2.50mL、3.00mL 和 5.00mL 汞标准使用液 I,于 100mL 容量瓶中,用稀释液定容至标线,总汞质量浓度分别为 0.00μg/L、0.50μg/L、1.00μg/L、1.50μg/L、2.00μg/L、2.50μg/L、3.00μg/L 和 5.00μg/L。

② 将上述标准系列依次移至 250mL 反应装置中,加入 2.5mL 氯化亚锡溶液,迅速插入吹气头,由低浓度到高浓度测定响应值。以零浓度校正响应值为纵坐标,对应的总汞质量浓度（μg/L）为横坐标,绘制校准曲线。

（3）低浓度校准曲线的绘制

① 分别量取 0.00mL、0.50mL、1.00mL、2.00mL、3.00mL、4.00mL 和 5.00mL 汞标准使用液 II 于 200mL 容量瓶中,用稀释液定容至标线,总汞质量浓度分别为 0.000μg/L、0.025μg/L、0.050μg/L、0.100μg/L、0.150μg/L、0.200μg/L 和 0.250μg/L。

② 将上述标准系列依次移至 500mL 反应装置中,加入 5mL 氯化亚锡溶液,迅速插入吹气头,由低浓度到高浓度测定响应值。以零浓度校正响应值为纵坐标,对应的总汞质量浓度（μg/L）为横坐标,绘制校准曲线。

（4）测定

测定高浓度工业废水时，将待测试样转移至 250mL 反应装置中，加入 2.5mL 氯化亚锡溶液，迅速插入吹气头，由低浓度到高浓度测定响应值。对照高浓度校准曲线，计算出试样中总汞的质量浓度。

测定低浓度工业废水时，将待测试样转移至 500mL 反应装置中，加入 5mL 氯化亚锡溶液，迅速插入吹气头，由低浓度到高浓度测定响应值。对照低浓度校准曲线，计算出试样中总汞的质量浓度。

（5）空白试验

按照与试样测定相同步骤进行空白试样的测定。

2.2.9 数据处理与结果表示

（1）结果计算

样品中总汞的质量浓度 ρ，按照以下公式进行计算。

$$\rho = \frac{(\rho_1 - \rho_0)V_0}{V} \times \frac{V_1 + V_2}{V_1} \tag{2-2}$$

式中　ρ——样品中总汞的质量浓度，$\mu g/L$；

ρ_1——根据校准曲线计算出试样中总汞的质量浓度，$\mu g/L$；

ρ_0——根据校准曲线计算出空白试样中总汞的质量浓度，$\mu g/L$；

V_0——标准系列的定容体积，mL；

V_1——采样体积，mL；

V_2——采样时向水样中加入浓盐酸体积，mL；

V——制备试样时分取样品体积，mL。

（2）结果表示

当测定结果小于 $10\mu g/L$ 时，保留到小数点后两位；大于等于 $10\mu g/L$ 时，保留三位有效数字。

2.2.10 精密度和准确度

2.2.10.1 高锰酸钾-过硫酸钾消解法

47 家实验室分别对总汞质量浓度为 $0.58\mu g/L$ 的统一标准样品进行了测定，实验室内相对标准偏差和实验室间相对标准偏差分别为 8.6％和 28.6％；47 家实验室分别对总汞质量浓度为 $0.67\mu g/L$ 的统一标准样品（含有 1.5mg/L 碘离子）进行了测定，实验室内相对标准偏差和实验室间相对标准偏差分别为 10.2％和 58.0％。详见表 2-4。

2.2.10.2 溴酸钾-溴化钾消解法

47 家实验室分别对总汞质量浓度为 $2.27\mu g/L$ 的统一标准样品进行了测定，实验室内相对标准偏差和实验室间相对标准偏差分别为 5.0％和 10.7％；48 家实验室分别对总汞质量浓度为 $2.03\mu g/L$ 的统一标准样品进行了测定，实验室内相对标准偏差和实验室间相对标准偏差分别为 4.8％和 11.5％；48 家实验室分别对总汞质量浓度为 $2.17\mu g/L$ 的统一标准样品（含有 150mg/L 碘离子）进行了测定，实验室内相对标准偏差和实验室间相对标准偏差分别为 3.5％和 10.7％。详见表 2-4。

表 2-4　高锰酸钾-过硫酸钾消解法及溴酸钾-溴化钾消解法精密度和准确度

样品	参加的实验室数目	删除的实验室数目	标准值/(μg/L)	测得平均值/(μg/L)	标准偏差			
					重复性		再现性	
					绝对	相对/%	绝对	相对/%
A	47	3	0.58	0.58	0.050	8.6	0.166	28.6
B	47	5	0.67	0.56	0.057	10.2	0.326	58.0
C	47	5	2.27	2.42	0.121	5.0	0.259	10.7
D	48	6	2.03	2.02	0.097	4.8	0.231	11.5
E	48	7	2.17	2.20	0.077	3.5	0.235	10.7

2.2.10.3　微波消解法

（1）精密度

6 家实验室分别对总汞质量浓度为 $0.40\mu g/L$、$2.00\mu g/L$ 和 $4.00\mu g/L$ 的统一样品进行了测定：实验室内相对标准偏差分别为 2.8%～5.4%、1.5%～3.0%、1.1%～3.1%；实验室间相对标准偏差分别为 3.5%、5.5%、1.5%；重复性限分别为 $0.05\mu g/L$、$0.13\mu g/L$、$0.24\mu g/L$；再现性限分别为 $0.06\mu g/L$、$0.34\mu g/L$、$0.28\mu g/L$。

（2）准确度

6 家实验室对工业废水实际样品进行了加标分析测定，加标浓度为 $2.00\mu g/L$，加标回收率为 98.0%～109%；加标回收率最终值为 102%±7.8%。

2.2.11　实验废物处置

重铬酸钾、汞及其化合物毒性很强，实验过程中产生的残渣、废液不能随意倾倒，须妥善处理。属于危险废物的，应交有资质单位处理处置。

2.2.12　注意事项

① 实验所用试剂（尤其是高锰酸钾）中的汞含量对空白试验测定值影响较大。因此，实验中应选择汞含量尽可能低的试剂。

② 在样品还原前，所有试剂和试样的温度应保持一致（<25℃）。环境温度低于 10℃时，灵敏度会明显降低。

③ 汞的测定易受到环境中的汞污染，在汞的测定过程中应加强对环境中汞的控制，保持清洁、加强通风。

④ 汞的吸附或解吸反应易在反应容器和玻璃器皿内壁上发生，故每次测定前应采用仪器洗液将反应容器和玻璃器皿浸泡过夜后，用水冲洗干净。

⑤ 每测定一个样品后，取出吹气头，弃去废液，用水清洗反应装置两次，再用稀释液清洗一次，以氧化可能残留的二价锡。

⑥ 水蒸气对汞的测定有影响，会导致测定时响应值降低，应注意保持连接管路和汞吸收池干燥。可通过红外灯加热的方式去除汞吸收池中的水蒸气。

⑦ 吹气头与底部距离越近越好。采用抽气（或吹气）鼓泡法时，气相与液相体积比应为（1:1）～（5:1），以（2:1）～（3:1）最佳；当采用闭气振摇操作时，气相与液相体积比应为（3:1）～（8:1）。

⑧ 当采用闭气振摇操作时，试样加入氯化亚锡后，先在闭气条件下用手或振荡器充分振荡 30～60s，待完全达到气液平衡后再将汞蒸气抽入（或吹入）吸收池。

⑨ 反应装置的连接管宜采用硼硅玻璃、高密度聚乙烯、聚四氟乙烯、聚砜等材质，不宜采用硅胶管。

2.2.13　思考题

① 简述冷原子吸收分光光度法测定工业废水中汞的操作条件以及该方法的优缺点。

② 在试样制备环节，可采用高锰酸钾-过硫酸钾消解法、溴酸钾-溴化钾消解法和微波消解法，三种制备方法的基本化学原理分别是什么？

③ 在配制氯化亚锡溶液时，为什么要先将氯化亚锡溶解在浓盐酸中，再慢慢稀释到所需体积？能否先溶解于水中再加盐酸？

④ 用冷原子吸收分光光度法测定工业废水中的汞时，分别加入两种还原剂氯化亚锡和盐酸羟胺，它们的作用是什么？

2.3　原子荧光光谱法测定固体废物中的汞和砷

原子荧光光谱法具有检出限低、灵敏度高、谱线简单、干扰小、线性范围宽、选择性好、无须基体分离等优点，常用于汞、砷为代表的十余种元素的分析，在环境监测、生物医学和食品安全等领域广泛应用。

在本章 2.2 中已介绍了汞的危害及其常用分析方法。砷是人体非必需元素，砷的化合物有剧毒，其中以三价砷化合物的毒性最强。砷可通过呼吸道、消化道和皮肤接触人体，会在人体蓄积，从而引起慢性砷中毒，潜伏期可长达几年甚至几十年。砷还有致癌作用，能引起皮肤癌。砷污染主要来源于采矿、冶金、化工、化学制药、农药生产、纺织、玻璃、制革等工业过程。新银盐分光光度法（GB/T 11900）和二乙基二硫代氨基甲酸银分光光度法（GB/T 17134）是测定砷的经典分析方法，其原理相同，具有类似的选择性，但操作烦琐、试剂用量多，毒性大，实验条件不易控制。

原子荧光法是近年来发展起来的新方法，具有灵敏度高、干扰少、简便快速等特点，是目前测定汞和砷最常用的国家标准分析方法之一，包括土壤中总汞、总砷的测定（GB/T 22105），土壤和沉积物中汞、砷的测定（HJ 680），水中汞、砷的测定（HJ 694），固体废物中汞、砷的测定（HJ 702），本实验采用原子荧光法测定固体废物中的汞和砷。

2.3.1　实验目的

① 熟悉原子荧光光谱仪的基本构造及分析条件的选择。

② 掌握原子荧光光谱仪测定汞和砷的基本原理及实验操作技能。

③ 能够针对测定对象的具体情况，选择合适的预处理方法、分析测试条件和质量控制措施，实现对固体废物中汞和砷的准确测定。

2.3.2　方法原理

在一定条件下，气态原子吸收辐射光后，本身被激发成激发态原子，处于激发态上的原子不稳定，跃迁到基态或低激发态时，以光子的形式释放出多余的能量。根据所产生的原子荧光的强度即可进行物质组成的测定，该方法称为原子荧光分析法。

原子荧光定量分析的基本关系式为：

$$I_{fv} = \phi I_{av} K_v L N_0 \tag{2-3}$$

式中，I_{fv} 为发射原子荧光强度；I_{av} 为激发原子荧光（入射光）强度；ϕ 为原子荧光量子效率；K_v 为吸收系数；N_0 为单位长度内基态原子数；L 为吸收光程。

当仪器条件和测定条件固定时，各种参数都是恒定的，对于低含量组分的测定而言，待测样品浓度 C 与 N_0 成正比，关系式简化为：

$$I_{fv} = ac \tag{2-4}$$

式中，a 在固定条件下是一个常数。即原子荧光强度仅仅与待测样品中某元素的原子浓度呈简单的线性关系。因此，原子荧光分析法仅适用于低含量组分的测定。

蒸气发生-原子荧光光谱仪是目前原子荧光光谱分析方法中成功商品化的仪器，该仪器通过蒸气发生方式将样品导入氩氢火焰原子化器实现原子化，自由原子被空心阴极灯激发后发射出原子荧光，以非色散系统光路被光电倍增管接收，获得原子荧光信号。蒸气发生包括氢化物发生（As、Sb、Bi、Se、Te、Pb、Sn、Ge）、汞蒸气发生（Hg）和挥发性化合物发生（In、Tl、Cd）。

固体废物试样经微波消解后，进入蒸气发生-原子荧光光谱仪，在硼氢化钾溶液还原作用下，生成汞原子蒸气和砷化氢，这些气体在氩氢火焰中形成基态原子，在元素灯（汞、砷）发射光的激发下产生原子荧光，原子荧光强度与试样中元素含量成正比。

2.3.3 仪器和设备

原子荧光光谱仪、高强度汞空心阴极灯、高强度砷空心阴极灯、微波消解仪、分析天平（精度为 0.0001g）、一般实验室常用器皿和设备。

2.3.4 试剂和材料

本实验所用试剂除另有注明外，均为符合国家标准的分析纯试剂；实验用水为新制备的去离子水。

① 硼氢化钾溶液（1.5%硼氢化钾＋0.5%KOH）：称取 KOH 2.5g 溶于 500mL 蒸馏水中，待完全溶解后加入 7.5g 硼氢化钾继续溶解。宜现用现配。

② 10% HCl 溶液：分别用量筒量取 50mL 浓盐酸和 450mL 水，倒入 500mL 试剂瓶中，配制成 500mL 体积分数为 10%的 HCl 溶液。

③ 汞标准使用液：用汞标准贮备液（100.0mg/L）稀释成 1.0mg/L，然后进一步稀释成 10.0μg/L 汞标准使用液。

④ 砷标准使用液：用砷标准贮备液（100.0mg/L）稀释成 1.0mg/L，然后进一步稀释成 100.0μg/L 砷标准使用液。

2.3.5 质量保证和质量控制

① 每批样品都应做空白试验，其测定结果应低于方法测定下限。

② 每批样品应至少测定 10%的平行样（样品数量少于 10 个时至少测定一个平行样），两次测定结果相对标准偏差不超过 20%。

③ 每批样品应至少做 10%加标回收实验（样品数量少于 10 个时至少做一个），加标回

收率应在70%～130%之间。

④ 每批样品测定至少做一个有证标准物质,标准物质回收率应在70%～130%之间。

⑤ 每次样品分析应绘制校准曲线,相关系数应≥0.999。

2.3.6　干扰消除

① 酸性介质中能与硼氢化钾反应生成氢化物的元素会相互影响产生干扰,加入硫脲+抗坏血酸溶液可以基本消除干扰。

② 高于一定浓度的铜等过渡金属元素可能对测定有干扰,加入硫脲+抗坏血酸溶液可以消除绝大部分干扰。

③ 常见阴离子不干扰测定。

④ 物理干扰消除:选用双层结构石英管原子化器,内外两层均通氩气,外面形成保护层隔绝空气,使待测元素的基态原子不与空气中的氧和氮碰撞,降低荧光猝灭对测定的影响。

2.3.7　样品制备及预处理

按照 HJ 702—2014 中的消解方法处理固体废物样品。即准确称取 0.5g 样品,将试样置于聚四氟乙烯消解管中,用少量蒸馏水润湿,在通风橱中,先加入 6mL 盐酸,再慢慢加入 2mL 硝酸,使样品与消解液充分接触。若有剧烈的化学反应,敞口放置待反应结束后,再拧紧盖子,装入微波消解仪架子后放入微波消解仪中,按表 2-5 升温程序进行微波消解。消解结束后,冷却至室温,在通风橱中取出,放气,打开。若溶液不澄清,需要进一步消解。用蒸馏水将消解液转移定容至 50mL 离心管中,用 0.45μm 滤膜过滤,待测。

表 2-5　固体废物的微波消解升温程序

步骤	升温时间/min	目标温度/℃	保持时间/min
1	5	100	2
2	5	150	3
3	5	180	25

2.3.8　分析步骤

2.3.8.1　前期准备

① 打开电脑,进入 Windows 桌面,分别检查压力三联瓶中载液、还原剂、纯水是否足量及自动进样器载液瓶中载液的量后,检查各压力瓶的气密性。

② 打开氩气气瓶,分压表调至 0.3MPa 左右,检查气路及装置的气密性。

③ 根据待检测目标污染物更换所需元素灯,依次打开自动进样器电源、仪器主机电源,双击桌面上软件登录图标进入仪器工作站,出现登录画面,输入用户名、密码、点"确定"。选择自检项目,自检完成后进入仪器设置界面。

2.3.8.2　仪器参考条件

开机预热,待仪器稳定后,按照原子荧光仪的使用说明书设置灯电流、负高压、载气流量、屏蔽气流量等工作参数,通常采用的参数见表 2-6。

表 2-6　仪器参数

元素	灯电流/mA	负高压/V	原子化器温度/℃	载气流量/(mL/min)	屏蔽气流量/(mL/min)
汞	40	280V	200	300	600
砷	40	280V	200	300	600

2.3.8.3　校准系列的制备

（1）汞的校准系列

分别移取 0mL、0.5mL、1.0mL、2.0mL、3.0mL、4.0mL、5.0mL 汞标准使用液于一组 50mL 容量瓶中，分别加入 2.5mL 盐酸，用蒸馏水定容至刻度线，混匀。

（2）砷的校准系列

分别移取 0mL、0.5mL、1.0mL、2.0mL、3.0mL、4.0mL、5.0mL 砷标准使用液于一组 50mL 容量瓶中，分别加入 5.0mL 盐酸、10mL 硫脲和抗坏血酸混合溶液，室温放置 30min（室温低于 15℃时，置于 30℃水浴中保温 30min），用蒸馏水定容至刻度线，混匀。

2.3.8.4　绘制校准曲线

以硼氢化钾溶液为还原剂、盐酸溶液为载流，浓度由低到高依次测定表 2-7 中各元素校准系列溶液。用扣除零浓度空白的校准系列原子荧光强度为纵坐标，溶液中相对应的元素浓度为横坐标，绘制校准曲线。

表 2-7　各元素校准系列溶液浓度　　　　　　　　　　单位：μg/L

元素	校准系列						
汞	0.0	0.1	0.2	0.4	0.6	0.8	1.0
砷	0.0	1.0	2.0	4.0	6.0	8.0	10.0

2.3.8.5　样品的测定

① 在"进样器与测量设置"里设置"测量参数"与"重复测量次数高度"，点击"下一页"或点击"标样浓度"；在"标样浓度"中，选择标样放置的样品区、样品盘。载液空白位置默认为 0 位（载液槽），选中标样对应的杯位，点击右键可修改杯位。在浓度处输入配制的各点曲线浓度；选择自动稀释时，在本液浓度处设定杯位（单击右键可修改）和本液浓度，下方输入要稀释的曲线浓度。点击"下一页"或点击"样品设置"。

② 在"样品设置"中单击"样品空白"，添加样品空白个数，选择样品空白盘 5 区、盘号，输入杯位号，点击"应用"；在样品区处选择样品盘，在弹出对话框里输入添加的样品个数，在"更多设置"里设置其他参数，点击"应用"。在样品对应的"空白扣除"处，选择要扣除的样品空白。也可在样品测量完成后，选择要扣除的样品空白，点击"重算"按钮重新计算。

③ 点击"样品测量"，出现测量界面。点击"自动测量"，参比光调整完成后，仪器依次测量载流空白、标准空白、标准曲线、样品空白、样品。测量完成后点击"保存"，保存测量数据。

④ 点击"标准曲线"查看曲线，点击"测量结果"查看、打印数据。

2.3.9　数据处理与结果表示

（1）固体废物中（汞、砷）元素含量 ω（μg/g）计算

28

$$\omega = \frac{(\rho - \rho_0)V}{m} \times 10^{-3} \tag{2-5}$$

式中　ω——固体废物中元素的含量，$\mu g/g$；

$\quad\quad\rho$——由校准曲线计算得测定溶液中元素的浓度，$\mu g/L$；

$\quad\quad\rho_0$——实验室空白溶液测定浓度，$\mu g/L$；

$\quad\quad V$——微波消解后试液的定容体积，mL；

$\quad\quad m$——称取样品的质量，g。

（2）加标回收率计算

$$加标回收率 = \frac{加标后水样浓度 - 加标前水样浓度}{加标浓度} \times 100\% \tag{2-6}$$

（3）标准物质回收率计算

$$标准物质回收率 = \frac{测得值}{标准值} \times 100\% \tag{2-7}$$

2.3.10　实验废物处置

实验过程中产生的废液和废物，不可随意倾倒，应置于密闭容器中保存，委托相关有资质的单位进行处置。

2.3.11　注意事项

① 硼氢化钾是强还原剂，使用时注意勿接触皮肤和眼睛。

② 实验所用的锥形瓶、容量瓶等玻璃器皿均需用硝酸溶液（1+1）浸泡 24h 后，依次用自来水、蒸馏水洗净后方可使用。

2.3.12　思考题

① 比较原子吸收分光光度计和原子荧光光度计在结构上的异同点，并解释其原因。

② 每次实验时，氢化物发生器中各种溶液总体积是否要严格相同，为什么？

2.4　紫外分光光度法测定地表水中的硝酸盐

紫外分光光度法是基于物质分子的紫外吸收光谱而建立的一种定性、定量分析方法，该方法具有灵敏度高、准确度和精密度好、选择性强、操作简便、样品用量少、分析速度快等特点，广泛用于环境样品中微量和常量化合物的定性、定量分析，其分析测定波长范围为 200～375nm。紫外分光光度法是环境样品中石油类、苯胺、硝酸盐氮、总氮、氮氧化物等化合物测定的国家标准方法。

含氮化合物包括有机氮、氨氮、亚硝酸盐氮、硝酸盐氮，主要来源于生活污水、医药废水、含氮化工废水、农田排水等，其中硝酸盐是有氧环境中最稳定的含氮化合物。生物体摄入硝酸盐后，经微生物作用转化为亚硝酸盐而呈现毒性作用；水体含氮化合物含量过高，将引发水体富营养化，导致水质恶化。测定硝酸盐的国标方法有酚二磺酸分光光度法（GB 7480）、紫外分光光度法（HJ/T 346）、气相分子吸收光谱法（HJ/T 198）、离子色谱法（HJ 84）等。本实验采用紫外分光光度法测定地表水中的硝酸盐。

2.4.1 实验目的

① 熟悉紫外分光光度计的基本构造和分析条件选择。

② 掌握紫外分光光度法测定硝酸盐的基本原理及实验操作技能。

③ 能够针对测定对象的具体情况，选择合适的预处理方法、分析测试条件和质量控制措施，实现对地表水中硝酸盐的准确测定。

④ 通过全程序空白试验、平行样分析、加标回收率测定等质量控制措施的实施，树立分析数据质量生命线意识，养成严谨求实的工作作风和精益求精的工匠精神。

2.4.2 方法原理

利用硝酸根离子在 220nm 波长处的吸收而定量测定硝酸盐浓度。在一定范围内，溶液吸光度与溶液浓度成正比，符合朗伯-比尔定律。溶解的有机物在 220nm 处和 275nm 处均有吸收，而硝酸根离子在 275nm 处没有吸收。因此，在 275nm 处作另一次测量，以校正硝酸盐的吸收值。

本方法适用于地表水、地下水中硝酸盐的测定。方法最低检出质量浓度（以 N 计）为 0.08mg/L，测定下限（以 N 计）为 0.32mg/L，测定上限（以 N 计）为 4mg/L。

2.4.3 试剂和材料

本实验所用试剂除另有注明外，均为符合国家标准的分析纯试剂；实验用水为新制备的去离子水。

① 硫酸锌溶液：10％硫酸锌水溶液。

② 氢氧化钠溶液：$c(NaOH)=5mol/L$。

③ 氢氧化铝悬浮液：溶解 125g 硫酸铝钾 $[KAl(SO_4)_2 \cdot 12H_2O]$ 或硫酸铝铵 $[NH_4Al(SO_4)_2 \cdot 12H_2O]$ 于 1000mL 水中，加热至 60℃，在不断搅拌中，徐徐加入 55mL 浓氨水，放置约 1h 后，移入 1000mL 量筒内，用水反复洗涤沉淀，最后至洗涤液中不含硝酸盐氮为止。澄清后，把上清液尽量全部倾出，只留稠的悬浮液，最后加入 100mL 水，使用前应振荡均匀。

④ 大孔径中性树脂：CAD-40 或 XAD-2 型及类似性能的树脂。

⑤ 甲醇：分析纯。

⑥ 盐酸：$c(HCl)=1mol/L$。

⑦ 0.8％氨基磺酸溶液：避光保存于冰箱中。

⑧ 硝酸盐氮标准贮备液：称取 0.722g 经 105～110℃干燥 2h 的优级纯硝酸钾（KNO_3）溶于水，移入 1000mL 容量瓶中，稀释至标线，加 2mL 三氯甲烷作保存剂，混匀，至少可稳定 6 个月。该标准贮备液每毫升含 0.100mg 硝酸盐氮。

2.4.4 仪器和设备

① 紫外分光光度计：具 10mm 石英比色皿。

② 离子交换柱（$\varphi1.4cm$，装树脂高 5～8cm）。

吸附柱的制备：新的大孔径中性树脂先用 200mL 水分两次洗涤，用甲醇浸泡过夜，弃去甲醇，再用 40mL 甲醇分两次洗涤，然后用新鲜去离子水洗到柱中流出液滴落于烧杯中无乳白色为止。树脂装入柱中时，树脂间不允许存在气泡。

③ 一般实验室常用器皿和设备。

2.4.5　质量保证和质量控制

（1）全程序空白试验

以实验用水代替水样的测定过程。

（2）平行样测定

对水样进行平行测定 2～3 次，计算相对偏差。

当样品含量＜0.5mg/L 时，平行双样测定结果的相对偏差应≤25％。

（3）加标回收实验

根据预备实验获得地表水中硝酸盐的浓度范围，再开展加标回收实验，加标量为待测水样浓度的 0.5～2 倍为宜。加标回收率应为 85％～115％。

2.4.6　干扰消除

对于饮用水和较清洁水体可以不作预处理，直接测定。

水中悬浮物、Cr（Ⅵ）、Fe（Ⅲ）、溶解性有机物、表面活性剂、亚硝酸盐、碳酸氢盐和碳酸盐、溴化物等干扰测定，需进行适当的预处理。

2.4.6.1　悬浮物及 Cr（Ⅵ）、Fe（Ⅲ）干扰的消除

水中悬浮物及 Cr（Ⅵ）、Fe（Ⅲ）的干扰可采用锌盐或 $Al(OH)_3$ 絮凝共沉淀方法消除。

絮凝共沉淀方法：取 200mL 水样置于 250mL 烧杯中，加入 2mL 硫酸锌溶液，在搅拌下滴加氢氧化钠溶液，调至 pH 值为 7。或将 200mL 水样调至 pH 为 7 后，加 4mL 氢氧化铝悬浮液。待絮凝胶团下沉后，或经离心分离，吸取上清液置于 50mL 比色管中，备测定用。

2.4.6.2　溶解性有机物干扰的消除

低浓度的溶解性有机物的干扰可采用波长校正法去除：水中有机物在 220nm 产生吸收干扰，可利用有机物在 275nm 有吸收而 NO_3^- 在 275nm 无吸收这一特征，分别测定水样在 220nm 和 275nm 处的吸光度，从 A_{220} 减去 2 倍的 A_{275} 即扣除有机物的干扰，这种波长校正方法适合有机物含量不太高的水样。

当水样中的溶解性有机物含量较高时，可采用大孔中性吸附树脂进行处理：吸取 100mL 上清液分两次洗涤吸附树脂柱，以每秒 1～2 滴的流速流出，各个样品间流速保持一致，弃去。再继续使水样上清液通过柱子，收集 50mL 于比色管中，备测定用。树脂用 150mL 水分三次洗涤，备用。树脂吸附容量较大，可处理 50～100 个地表水水样，应视有机物含量而异。使用多次后，可用未接触过橡胶制品的新鲜去离子水作参比，在 220nm 和 275nm 波长处检验，测得吸光度应接近零。超过仪器允许误差时，需以甲醇再生。

2.4.6.3　碳酸盐干扰的消除

HCO_3^-、CO_3^{2-} 在 220nm 处有微弱吸收，加入一定量的盐酸以消除 HCO_3^-、CO_3^{2-} 以及絮凝中带来的细微胶体等的影响。50mL 上清液中加入 1mL 盐酸溶液，摇匀。

2.4.6.4 亚硝酸盐干扰的消除

当亚硝酸盐氮浓度低于 0.1mg/L 时，可不考虑其干扰；亚硝酸盐浓度大于 0.1mg/L 时，加入氨基磺酸溶液消除其干扰。50mL 上清液中加入 0.1mL 氨基磺酸溶液，摇匀。

2.4.6.5 其他干扰

SO_4^{2-}、Cl^- 不干扰测定，Br^- 对测定有干扰，一般淡水中不常见。

2.4.7 样品预处理

2.4.7.1 预实验

水样采自某城市内湖湖水。通过预实验，了解水样中悬浮物、有机物及其他共存干扰组分的组成情况。

2.4.7.2 水样的预处理

清洁透明的水样，可直接测定，无须预处理。

根据预实验结果，按照"2.4.6 干扰消除"方法，选择合适的预处理方法对水样进行预处理，以消除干扰。

2.4.8 分析步骤

2.4.8.1 绘制吸收曲线

取 1.0mg/L 的硝酸盐氮工作溶液，绘制硝酸盐的吸收曲线。具体操作如下。

① 选择测定条件：氢灯，1cm 石英比色皿，空白溶液为参比，狭缝宽度为 1.0nm，以 1.0mg/L 的硝酸盐氮标准溶液为测定溶液。

② 设置光谱扫描参数：扫描波长范围从 190nm 到 300nm，光谱扫描间隔 1nm，吸光度记录范围从 0 到 2。

③ 扫描基线：2 只 1cm 石英比色皿内装入空白溶液，分别置于参比池和样品池。

④ 扫描样品：以空白溶液为参比，以 1.0mg/L 的硝酸盐氮工作溶液（标准溶液）为测定溶液。

⑤ 绘制吸收曲线：以波长为横坐标、吸光度为纵坐标绘制吸收曲线。

根据硝酸盐的吸收曲线，选择最大吸收波长 λ_{max} 为测量波长。

2.4.8.2 校准曲线的绘制

于 6 个 100mL 容量瓶中分别加入 0mL、0.25mL、0.50mL、1.00mL、1.50mL、2.00mL 硝酸盐氮标准贮备液，用新鲜去离子水稀释至标线，其质量浓度分别为 0mg/L、0.25mg/L、0.50mg/L、1.00mg/L、1.50mg/L、2.00mg/L 硝酸盐氮。定容后，往各系列中分别加入 2mL 盐酸溶液和 0.2mL 氨基磺酸溶液，摇匀。

校准系列见表 2-8，也可根据实际样品浓度调整系列的浓度配制，但不少于 6 个点。

用 1cm 石英比色皿，以空白溶液做参比，分别测定各校准系列在最大吸收波长 λ_{max} 处和 275nm 处的吸光度。以校正吸光度为纵坐标，硝酸盐氮浓度（mg/L）为横坐标，绘制校准曲线。校准曲线的相关系数 r 应大于 0.999。

表 2-8　硝酸盐校准曲线系列

校准系列编号	1	2	3	4	5	6
硝酸盐氮标准贮备液体积/mL（含氮 100mg/L）	0	0.25	0.50	1.00	1.50	2.00
硝酸盐氮浓度/(mg/L)	0	0.25	0.50	1.00	1.50	2.00
加入新鲜去离子水稀释定容至100mL						
盐酸溶液/mL	2.0	2.0	2.0	2.0	2.0	2.0
氨基磺酸溶液(6.3.7)/mL	0.2	0.2	0.2	0.2	0.2	0.2
吸光度 $A_{\lambda_{max}}$						
吸光度 A_{275}						
校正吸光度($A_{校}=A_{\lambda_{max}}-2A_{275}$)						

2.4.8.3　水样的测定

取清洁水样或一定体积经过预处理的水样（当水中硝酸盐浓度较高时，需要稀释）置于 50mL 具塞比色管中，用新鲜去离子水稀释定容至 50mL，记录稀释倍数。加入 1mol/L 盐酸溶液 1mL，0.8% 的氨基磺酸溶液 0.1mL（当亚硝酸盐氮浓度低于 0.1mg/L 时可不加），振荡摇匀。以空白溶液为参比，测量吸光度值 $A_{\lambda_{max}}$ 和 A_{275}。

同时做全程序空白、平行样、样品加标回收实验。

2.4.9　数据处理与结果表示

（1）水样中硝酸盐氮浓度计算

计算水样校正吸光度后，从校准曲线中查得相应的硝酸盐氮量，即为水样的测定结果（mg/L）。水样校正吸光度按下式计算：

$$A_{校}=A_{\lambda_{max}}-2A_{275} \tag{2-8}$$

式中　$A_{校}$——水样的校正吸光度；

$A_{\lambda_{max}}$——最大吸收波长 λ_{max} 处测得的吸光度；

A_{275}——275nm 波长处测得的吸光度。

若水样经过稀释后测定，则结果应乘以稀释倍数。测定结果小数位数与方法检出限一致，最多保留三位有效数字。

（2）加标回收率的计算

$$加标回收率=\frac{加标后水样浓度-加标前水样浓度}{加标浓度}\times100\% \tag{2-9}$$

2.4.10　注意事项

① 加入共沉淀试剂后，滴加氢氧化钠溶液，用 pH 计调整水样的 pH 值到 7。

② 根据吸收曲线，选择测量条件下的最大吸收波长进行测定。

③ 绘制工作曲线，如果样品预处理时添加了盐酸溶液和氨基磺酸溶液消除干扰，校准曲线也需要加入相应量的盐酸溶液和氨基磺酸溶液。

2.4.11　思考题

① 如何绘制硝酸盐的紫外吸收曲线？绘制吸收曲线的作用是什么？

② 本实验中的空白溶液是什么？能否用新鲜去离子水做空白溶液？简述理由。

③ 简述紫外分光光度法测定硝酸盐的原理，为什么要测定两个波长的吸光度？

④ 地表水中硝酸盐测定的主要干扰有哪些？如何消除？

2.5 有机化合物的红外光谱分析

红外吸收光谱法（infrared absorption spectrometry），也称红外分光光度法（infrared spectrometry，IR），简称红外光谱法，是根据物质分子对不同波长红外线的吸收特性来进行结构分析、定性分析、定量分析的方法。红外光谱技术因具有分析速度快、无损、高效、易操作、稳定性好等特点，成为 20 世纪 90 年代以来备受关注的光谱分析技术，其在环境分析领域的应用也日益成为研究热点。利用红外光谱法可以快速有效测定气体中有机污染物（苯系物、硫醇、丙烯酸酯类等）和非对称分子的无机物（一氧化氮、二氧化硫、氯化氢等），监测水体中的 pH、总氮、总磷、磷酸盐、化学需氧量（COD）、生化需氧量（BOD）、微塑料等，也可以检测土壤环境中包括有机杀虫剂、农药在内的有机污染物和部分重金属污染物。

随着现代物联网技术和人工智能技术的发展，红外光谱技术也成为环境监测领域信息化、智能化的重要手段之一。例如，以航空、航天遥感为基础，结合多光谱无人机以及车载、手持的便携式红外光谱分析仪器，能够高效、准确、实时地获取土壤信息，可为土壤环境监测、数字制图提供大量基础数据，有助于实现土壤环境实时监测和信息化。利用遥感傅里叶变换红外光谱（RS-FTIR）远距离实时监测、快速多组分同时测定，可全天候、连续以及获得地面或高空大区域内三维空间数据。本实验学习有机化合物的红外光谱分析技术。

2.5.1 实验目的

① 了解红外光谱仪器的基本结构、操作的基本程序、使用方法和注意事项。

② 学习和掌握塑料（高分子聚合物）样品的制备和测定。

③ 能够对样品的图谱进行解析，达到分析物质化学结构和鉴别物质的目的。

2.5.2 方法原理

当波长连续的红外光照射被测物质的分子时，与分子固有振动频率相同的红外光被吸收，得到以波数为横坐标、吸光度或透射率为纵坐标的红外吸收光谱。不同物质对红外光的吸收不同，表现为特征吸收峰的波数不同。傅里叶变换红外光谱法是把红外光源发出的光经迈克尔逊干涉仪转变为干涉光，再用干涉光照射样品，得到红外干涉图，由计算机系统经傅里叶变换处理后得到红外吸收光谱图。通过比对样品的红外吸收光谱与标准谱图库中标准物质的红外吸收光谱，可对样品进行定性分析。

本方法适用于聚乙烯、聚丙烯、乙烯-丙烯共聚物、乙烯-醋酸乙烯酯共聚物、聚苯乙烯、苯乙烯-丙烯腈共聚物、苯乙烯-丙烯腈-丁二烯共聚物、聚氯乙烯、聚四氟乙烯、聚偏二氟乙烯、四氟乙烯-六氟丙烯共聚物、聚甲基丙烯酸甲酯、聚对苯二甲酸乙二醇酯、聚对苯二甲酸丁二醇酯、聚碳酸酯、聚酯型聚氨酯、聚醚型聚氨酯、酚醛树脂、脲醛树脂、双酚A型环氧树脂、不饱和树脂、聚甲醛、聚苯醚、聚苯硫醚、聚苯砜、聚酰亚胺、尼龙-6、尼龙-66、醋酸纤维素、硝酸纤维素等塑料种类和同一性的鉴定。

2.5.3　仪器和设备

① 傅里叶变换红外光谱仪：波长数 $400 \sim 4000 cm^{-1}$。
② 压片机。
③ 红外干燥灯。
④ 玛瑙研钵。
⑤ 粉碎机，配备一个 1mm 的钛筛和一个钢/钛筛网转子。
⑥ 一般实验室常用器皿和设备。

2.5.4　试剂和材料

① 溴化钾、苯、甲苯、甲酸、丙酮、甲乙酮、三氯甲烷、1,2-二氯乙烷、四氢呋喃、N,N-二甲基甲酰胺以上试剂均为分析纯或更高级别。
② 聚苯乙烯（红外波长标准物质，中国计量科学研究院）、聚丙烯（中国计量科学研究院）、聚乙烯（中国计量科学研究院）、聚酰胺（CAS：63428-83-1）、聚四氟乙烯（CAS：9002-84-0）。
③ 溴化钾窗片。
④ 聚四氟乙烯板。
⑤ 玻璃片。
⑥ 液氮。
⑦ 未知塑料。

2.5.5　试样制备

试样制备是红外光谱分析中的重要环节，如果想得到一张高质量的红外光谱图，除了仪器性能和熟练操作技术外，很大程度上取决于合适的制样方法。应该注意的是，在与标准谱图对照时，必须采用相同的试样制备方法。红外制样方法可根据分析的目的、样品的性质以及测试的要求来选择，简单介绍几种常见的制样方法如下。

2.5.5.1　溴化钾压片法

压片法适用于易于粉碎的样品，将试样粉碎烘干后与干燥的溴化钾粉末在玛瑙研钵中研磨，充分混合后烘干 10min，取适量混合样品放在直径 13mm 的模具中，在压片机上压制成透明晶片，装入样品架待测；对于热固性塑料或常温下研磨成粉末比较困难的塑料试样，可以用液氮冷冻样品，然后用粉碎机粉碎、过筛后与溴化钾压片使用；也可以在电钻上安装一个磨棒，把塑料磨成细粉，过筛后再使用溴化钾压片法。

2.5.5.2　薄膜法

① 熔融涂膜：将干燥的溴化钾窗片在电热台上慢慢加热至塑料样品能在盐片表面熔融并能均匀地涂膜，待窗片冷却后上机测试。
② 溶剂成膜：溶剂成膜是在一定条件下将塑料溶解于适当的溶剂中，取上层溶液滴在适当的载体上，如聚四氟乙烯板或玻璃片（玻璃片表面预先用抛光剂除去光泽），待溶剂挥发掉后，将膜取下制成样品膜待测。溶解塑料推荐使用溶剂见表 2-9。

表 2-9　塑料溶解推荐溶剂

溶剂	适用塑料种类
四氢呋喃	适用于聚氯乙烯和聚甲基丙烯酸甲酯塑料
三氯甲烷	适用于聚甲基丙烯酸甲酯和聚苯乙烯塑料
1,2-二氯乙烷	适用于大部分热塑性树脂,其中包括大部分聚烯烃塑料
苯	适用于聚苯乙烯塑料
甲苯	适用于聚乙烯、聚苯乙烯和聚甲基丙烯酸甲酯塑料
甲乙酮	适用于丁二烯共聚物类塑料
丙酮	适用于聚甲基丙烯酸酯类塑料
甲酸	适用于聚酰胺和线性聚氨酯类塑料
N,N-二甲基甲酰胺	适合于聚氯乙烯、聚偏二氟乙烯和一些在其他溶剂中不溶解的塑料

2.5.6　红外光谱测定

（1）仪器校正与参数设定

红外光谱仪的校正与工作参数设定按 GB/T 19267.1 规定进行。

（2）红外光谱测定

将制好的样品置于红外光谱仪样品间，进行测试得到试样的红外光谱图，测试要求如下。

① 光谱图的最大吸收峰应保持在 10％～20％透过率，基线保持平直。

② 根据仪器的操作程序，进行背景峰的检测，且应扣除背景。

③ 如有比对的样品，应同时测定谱图。

2.5.7　红外光谱谱图解析

红外光谱谱图解析的程序按《塑料种类鉴定　红外光谱法》（DB32/T 3159—2016）"光谱解析"章节中的规定进行。各种塑料参比光谱图和特征吸收表见附录 2。

（1）参比光谱

由于光谱图的扫描方式不同，必须强调在对未知样品分析之前，应该在同一台仪器上制备。参比光谱应按规定程序，由参比样品得出。

（2）目标物认定

① 根据红外光谱提供的结构信息，判断可能为哪种塑料，然后查阅参比光谱图，将查出的谱图同未知物谱图进行比对，便可得出结论。

② 用标准样品作对照，在相同的条件下分别绘制标准样品和试样的红外光谱谱图，然后进行比对，如吻合即为同种塑料。

③ 比对检验，在相同条件下测试试样和比对样品的红外光谱图，然后进行比对，如吻合即为同种塑料。

（3）特征吸收表

① 特征吸收表与参比光谱图一起使用，显示与塑料有关的主要吸收光谱，例如某些峰的特征、它们与邻近峰的关系，或光谱的其他区域等。

② 特征吸收表中列出了各种塑料的特征吸收峰值，与参比光谱结合，能判断塑料的种

类，当谱图中未出现某些特征峰时，便可依此排除某种塑料。

③ 吸收峰按特征值从强到弱的顺序排列，依据吸收峰特征值可正确地辨认出塑料的种类。

2.5.8　实验废物处置

实验中产生的废物应分类收集，并做好相应标识，委托有资质的单位进行处置。

2.5.9　注意事项

① 测定时实验室的温度应在 $15 \sim 30℃$，相对湿度应在 65% 以下，所用电源应配备有稳压装置和接地线。

② 盐片应保持干燥透明，每次测定前均应用无水乙醇及滑石粉抛光（红外灯下），切勿水洗。

③ 样品必须预先除水干燥，避免损坏仪器，同时避免水峰对样品谱图的干扰。

④ 试样的浓度和测试厚度应选择适当，以使光谱图中大多数吸收峰的透射比处于 $15\% \sim 70\%$ 范围内。浓度太小，厚度太薄，会使一些弱的吸收峰和光谱的细微部分不能显示出来；浓度过大，厚度过厚，又会使强的吸收峰超越标尺刻度而无法确定它的真实位置。

⑤ 样品池窗口暴露在空气中易潮解，因此尽可能缩短放置样品和拉盖开启时间，避免吸潮。样品仓和仪器内部严格防潮，放置干燥剂，定期更换干燥剂和干燥管。雨天开机除湿，仪器室空调和除湿机常开。

2.5.10　思考题

① 有机化合物的红外吸收光谱是怎样产生的？它能提供哪些信息？

② 红外光谱分析技术中，制样时应注意哪些因素？

③ 简述红外光谱分析的优缺点。

第 3 章
现代色谱技术在环境分析中的应用

色谱技术的发展可以追溯到 19 世纪初，现代色谱技术的基础是在 20 世纪 50 年代由 A. J. P. Martin 和 R. L. M. Synge 奠定的。随着时间的推移，色谱技术不断进步，现在已经能够对复杂的混合物进行快速分离和定性定量分析。现代色谱技术是环境分析中不可或缺的工具，它通过分离和检测混合物中的不同组分，为环境监测提供了一种高效、精确的方法。色谱技术的应用范围广泛，包括但不限于水体、大气和土壤中有机污染物的分析。色谱技术基于样品在固定相和流动相之间的相互作用差异来实现分离，根据流动相的不同，色谱技术主要分为气相色谱（GC）和液相色谱（HPLC），GC 适用于挥发性和半挥发性化合物的分析，而 HPLC 则适用于非挥发性或热不稳定化合物。

现代色谱技术在环境分析中得到较好的发展，可用于持久性有机污染物（POPs）分析、多溴联苯醚（PBDEs）分析、多环芳烃（PAHs）分析、有机氯农药（OCPs）分析、挥发性有机化合物（VOCs）分析、重金属和无机离子分析、新污染物分析等有毒有害、微量污染物的测定。随着科技的快速发展，色谱技术也在不断进步。例如，超临界流体色谱（SFC）利用超临界流体作为流动相，提供了介于 GC 和 HPLC 之间的分离能力；毛细管电泳（CE）和毛细管电色谱（CEC）则利用电场驱动分离，适用于生物大分子和离子的分析。

随着纳米技术、生物技术的发展，色谱技术在分离效率、检测灵敏度、样品前处理等方面不断创新，提高了分析的准确性和效率。色谱技术正在朝着自动化和微型化的方向发展，自动化色谱系统可以减少人为误差，提高分析的重复性和可靠性。微型化色谱技术则有助于实现现场快速检测。随着物联网技术的发展，色谱技术有望与传感器网络结合，实现对环境质量的实时监测和预警。通过结合大数据分析和人工智能算法，色谱技术可以更智能地识别和预测环境污染物的变化趋势。现代色谱技术在环境分析中的应用前景广阔，随着技术的进步和新方法的开发，色谱技术将继续为环境保护和人类健康提供强有力的支持。未来的色谱技术将更加高效、灵敏、自动化，能够应对日益复杂的环境分析挑战。

本章主要介绍气相色谱法测定水中的苯系物、高效液相色谱法测定环境空气中的酚类化合物、离子色谱法测定环境空气细颗粒物（PM$_{2.5}$）中的水溶性离子等实验技术方法，为广大本科生和研究生提供教学实验参考。

3.1　气相色谱法测定水中的苯系物

苯系物是一类易挥发的单环芳烃化合物，主要包括苯、甲苯、乙苯、二甲苯（邻二甲苯、间二甲苯、对二甲苯）、苯乙烯等。苯系物来源广泛，如工业生产、汽车尾气、建筑装修材料中的有机溶剂和油漆添加剂，并被作为日常生活中常见的胶黏剂大量用于办公设备、人造板家具中。室内装饰材料释放出的挥发性有机物中，苯系物占比较大。苯系物毒性大、易挥发、难降解，具有神经毒性和遗传毒性，对水生生物及人类健康的影响不容忽视，易对人体造血功能产生较大危害，甚至增加癌症等疾病的患病率。根据 2017 年世界卫生组织国际癌症研究机构公布的致癌物清单，苯属于 1 类致癌物，乙苯和苯乙烯属于 2B 类致癌物，甲苯和二甲苯属于 3 类致癌物。

近年来，苯系物的检测技术与污染控制技术发展备受关注，苯系物的测定方法主要有气相色谱法（HJ 1067）、液相色谱法（PN C04639-03）、气相色谱/质谱联用（HJ 644）、荧光分光光度法（GB/T 11895）等，其中气相色谱法因具有效能高、灵敏度高、选择性好、分析速度快、应用广泛、操作简便等特点，被广泛用于环境介质中苯系物的测定。

3.1.1　实验目的

① 熟悉气相色谱仪的基本构造、操作程序及测试相关操作技能。

② 掌握气相色谱仪测定苯系物含量的基本原理及定性分析方法。

③ 能够根据待测样品的特征来进行分离条件的选择和确定，同时实现对样品中苯系物含量的定量测定。

3.1.2　方法原理

将样品置于密闭的顶空瓶中，在一定的温度和压力下，顶空瓶内样品中挥发性组分向液上空间挥发，产生蒸气压，在气液两相达到热力学动态平衡，在一定的浓度范围内，苯系物在气相中的浓度与水相中的浓度成正比。苯系物中各组分在固定相和流动相中吸附、脱附、逐渐拉开距离、彼此分离，先后流入检测系统。检测系统将色谱柱中流出的各组分浓度或质量变化转换成电信号送到色谱工作站中，由计算机记录其保留时间和峰面积等一系列相关数据，并绘出色谱图，根据保留时间定性，工作曲线外标法定量计算出各组分的含量。

当取样体积为 10.0mL 时，水中苯系物的方法检出限为 2～3$\mu g/L$，测定下限为 8～12$\mu g/L$。

3.1.3　试剂和材料

除非另有说明，分析时均使用符合国家标准的分析纯化学试剂。实验用水为二次蒸馏水或纯水设备制备的水，使用前需经过空白检验，确认不含目标化合物，且在目标化合物的保留时间区间内没有干扰色谱峰出现。

① 甲醇（CH_3OH）：色谱纯。

② 盐酸：$\rho(HCl)=1.19g/mL$，优级纯。

③ 氯化钠（NaCl）：优级纯。使用前在 500～550℃灼烧 2h，冷却至室温，于干燥器中保存备用。

④ 抗坏血酸（$C_6H_8O_6$）。

⑤ 盐酸溶液（1+1）。

⑥ 标准贮备液：$\rho \approx 1.00mg/mL$，溶剂为甲醇。市售有证标准溶液，于 4℃以下避光密封冷藏，或按照产品说明书保存。使用前应恢复至室温，混匀。

⑦ 标准使用液：$\rho \approx 100\mu g/mL$。准确移取 1.00mL 标准贮备液，用水定容至 10mL。临用现配。

⑧ 载气：高纯氮气，纯度≥99.999%。

⑨ 燃烧气：高纯氢气，纯度≥99.999%。

⑩ 助燃气：空气，经硅胶脱水、活性炭脱有机物。

3.1.4 仪器和设备

① 采样瓶：40mL 棕色螺口玻璃瓶，具硅橡胶-聚四氟乙烯衬垫螺旋盖。

② 气相色谱仪：具分流/不分流进样口和氢火焰离子化检测器（FID）。

③ 色谱柱：规格为 30m（柱长）×0.25mm（内径）×1.4μm（膜厚），6%腈丙苯基＋94%二甲基聚硅氧烷固定相毛细管柱，或其他等效毛细管柱。

④ 顶空瓶（22mL）、聚四氟乙烯（PTFE）/硅氧烷密封垫、瓶盖（螺旋盖或一次使用的压盖），也可使用与自动顶空进样器配套的玻璃顶空瓶。

⑤ 移液管：1～10mL。

⑥ 玻璃微量注射器：10～100μL。

⑦ 一般实验室常用器皿和设备。

3.1.5 质量保证和质量控制

① 样品瓶应在采样前用甲醇清洗晾干，采样时不需用样品进行荡洗。

② 空白试验：每 20 个样品或每批次样品（＜20 个/批）应至少做一个全程序空白和一个实验室空白，测定结果中目标物浓度应低于方法检出限。

③ 每批样品均应绘制校准曲线，相关系数应≥0.99。

3.1.6 样品的采集、保存及预处理

3.1.6.1 样品的采集

水样采集时应依据 HJ/T 91—2002 中的布点原则来选择具体的采样点、采样容器及采样时间，并依据 HJ 493—2009 中的相关规定确定水样的最少采集量。

采样前，测定样品的 pH 值，根据 pH 值测定结果，在采样瓶中加入适量盐酸溶液，并加入 25mg 抗坏血酸，使采样后样品的 pH≤2。若样品加入盐酸溶液后有气泡产生，须重新采样，重新采集的样品不加盐酸溶液保存，样品标签上须注明未酸化。采集样品时，应使样品在样品瓶中溢流且不留液上空间。取样时应尽量避免或减少样品在空气中暴露。所有样品均采集平行双样。

3.1.6.2 全程序空白样品

将实验用水带到采样现场，按与样品采集相同的步骤（3.1.6.1）采集全程序空白样品。

3.1.6.3 样品的保存

样品采集后，应在 4℃以下冷藏运输和保存，14d 内完成分析。样品存放区域应无挥发性有机物干扰，样品测定前应将样品恢复至室温。未酸化的样品应在 24h 内完成分析。

3.1.6.4 样品预处理

向顶空瓶中预先加入 3g 氯化钠，加入 10.0mL 水样，立即加盖密封，摇匀，待测。

用实验用水代替样品，按照与水样预处理相同的步骤进行实验室空白样品的预处理。

3.1.7　分析步骤

3.1.7.1　分析条件的选择与确定

本实验中，气相色谱分析仪主要通过不同组分在固定相与流动相间分配系数的差异来实现对它们的分离和定性、定量分析。色谱操作条件的正确选择对于得到准确的分析结果至关重要，以下是气相色谱操作条件中的一些关键因素及其对定性定量结果的影响。

（1）柱温

色谱柱温度是一个重要的操作变量，直接影响分离效能和分析速度。提高柱温可以缩短分析时间，降低柱温可以增加色谱柱的选择性，有利于组分的分离和提高色谱柱稳定性。柱温的选择应根据混合物的沸点范围、固定液的配比和鉴定器的灵敏度来确定。

（2）载气流速

载气流速是决定色谱分离的重要因素之一。流速的选择不仅影响色谱峰的形状和宽度，还影响分离效率和分析速度。流速过高或过低都不利于分离，理想的流速应该是平稳的，通常在 $10 \sim 100mL/min$ 之间。

（3）色谱柱

柱长和柱内径的选择直接影响了分离效率和速度。一般来说，柱管增长可以改善分离能力，但过长可能会导致分离效果变差，因为组分在色谱柱中的传质效率下降。柱内径的大小也会影响分离效果，内径较小的色谱柱通常提供更好的分离效果，但处理量较小。这两个参数的选择需要综合考虑混合物的沸点范围、固定液的配比以及鉴定器的灵敏度。

（4）其他操作条件

其他操作条件，如载气种类、固定液用量、进样量、汽化温度、检测器温度等，也会影响气相色谱的分离和检测效果。选择合适的载气种类和流速可以优化分离效率，适当用量的固定液和进样量可以确保样品的完整分离，合理的汽化温度和检测器温度可以提高检测的灵敏度和准确性。

综上所述，正确选择和控制这些操作条件对于获得可靠的气相色谱定性和定量结果至关重要。本实验中，结合苯系物混合物的特性和分析需求综合考虑，为实现最佳的分离和分析效果，推荐的参考气相色谱仪操作条件如下：

进样口温度：200℃；检测器温度：250℃；色谱柱升温程序：40℃（保持 5min），以 5℃/min 速率升温到 80℃（保持 5min）；载气流速：2.0mL/min；燃烧气流速：30mL/min；燃气流速：300mL/min；尾吹气流速：25mL/min；分流比为 10：1。

3.1.7.2　工作曲线的建立

分别向 7 个顶空瓶中预先加入 3g 氯化钠，依次准确加入 10.0mL、10.0mL、10.0mL、9.8mL、9.6mL、9.2mL 和 8.8mL 超纯水，然后，再用微量注射器和移液管依次加入 5.00μL、20.00μL、50.00μL、0.20mL、0.40mL、0.80mL 和 1.20mL 标准使用液，配制成目标化合物质量浓度分别为 0.050mg/L、0.200mg/L、0.500mg/L、2.00mg/L、4.00mg/L、8.00mg/L、12.00mg/L 的标准系列，立即密闭顶空瓶，轻振摇匀，按照仪器参考条件，从低浓度到高浓度依次进样分析，记录标准系列目标物的保留时间和响应值。

参考标准系列见表 3-1，也可根据实际样品浓度调整标准系列的浓度配制，选取能够覆盖样品浓度范围的至少 5 个非零浓度点，以目标化合物浓度为横坐标，以其对应的响应值（峰高值或峰面积值）为纵坐标，建立工作曲线，该工作曲线的相关系数不应低于 0.99。

表 3-1　参考苯系物标准系列

标准系列编号	1	2	3	4	5	6	7
超纯水/mL	10	10	10	9.8	9.6	9.2	8.8
苯系物标准使用液/μL	5.00	20.00	50.00	200	400	800	1200
目标物浓度/(mg/L)	0.050	0.200	0.500	2.00	4.00	8.00	12.00

3.1.7.3　水样测定

按照与工作曲线的建立相同的条件进行水样的测定。

若样品浓度超过工作曲线的最高浓度点，须从未开封的样品瓶中重新取样，稀释后重新进行试样的制备。

3.1.7.4　全程序空白样品的测定

按照与工作曲线的建立相同的条件进行全程序空白样品的测定。

3.1.8　数据处理与结果表示

3.1.8.1　定性分析

根据样品中目标物与标准系列中目标物的保留时间进行定性。样品分析前，建立保留时间窗 $t \pm 3S$。t 为校准时各浓度级别目标化合物的保留时间均值，S 为初次校准时各浓度级别目标化合物保留时间的标准偏差。样品分析时，目标物应在保留时间窗内出峰。苯系物的标准色谱图参见图 3-1。

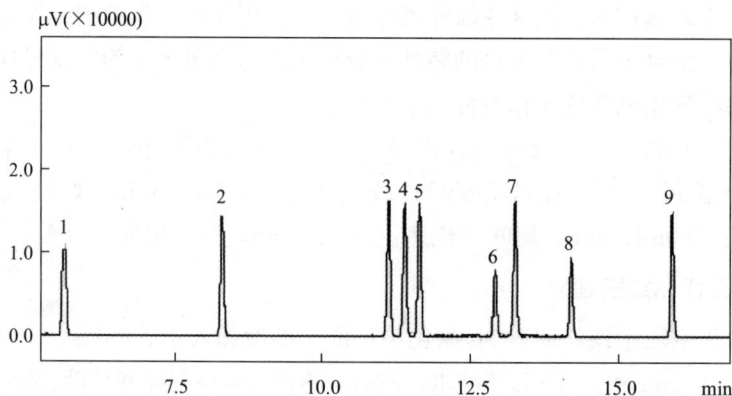

图 3-1　9 种苯系物的标准色谱图（参考）

1—苯；2—甲苯；3—乙苯；4—对-二甲苯；5—间-二甲苯；6—异丙苯；

7—邻-二甲苯；8—正丙苯；9—苯乙烯

3.1.8.2　定量分析

样品中目标化合物的质量浓度（$\mu g/L$），按照式（3-1）进行计算：

$$\rho_1 = \rho_i D \tag{3-1}$$

式中　ρ_1——样品中目标化合物的质量浓度，$\mu g/L$；

ρ_i——从工作曲线上得到的目标化合物质量浓度，$\mu g/L$；

D——样品的稀释倍数。

3.1.9　实验废物处置

实验过程中产生的废物应分类收集，集中保存，委托有资质的单位进行处置。

3.1.10　注意事项

① 在采样、样品保存和预处理过程中，应避免接触塑料和其他有机物。

② 在测定含盐量较高的样品时，氯化钠的加入量可适量减少，避免样品析出盐而引起顶空样品瓶中气液两相体积变化。样品与标准系列溶液加入的盐量应一致。

③ 气体钢瓶是高压容器，必须严格遵守管理制度和操作规程，分类保存，直立固定，远离热源，避免暴晒及强烈震动，消除安全隐患。

④ 每次使用时必须首先通入载气，以保护色谱柱。其他气体等到温度恒定以后再打开。氢火焰离子化检测器待气流稳定以后再点火。工作前仪器预热半小时。

⑤ 设置温度时，进样室、检测器的温度通常比柱箱高 $30 \sim 70\,℃$，FID 检测器温度不宜低于 $150\,℃$。要根据各部件的特点设置其最高允许温度，严格控制在安全温度范围内，否则会损坏仪器。

3.1.11　思考题

① 如何绘制苯系物的工作曲线？绘制工作曲线的作用是什么？

② 本实验中的空白溶液是什么？能否用新鲜去离子水做空白溶液？简述理由。

3.2　高效液相色谱法测定环境空气中的酚类化合物

高效液相色谱法是 20 世纪 70 年代初期发展起来的一种以液体作为流动相的新色谱技术，适用于分离沸点高、热稳定性差的物质。高效液相色谱法具有高柱效、高选择性、分析速度快、灵敏度高、重复性好、应用范围广等特点，成为现代仪器分析技术的重要手段之一，目前在化学、化工、医药、农业以及环境等领域获得广泛应用。在高效液相色谱法的定性分析中，采用保留值定性，或与其他定性能力强的仪器分析方法（如质谱法、红外吸收光谱法等）联用，以提高定性的准确性。在定量分析中，采用测量峰面积的归一化法、外标法或内标法等来确定样品中的组分含量。

酚类化合物是指苯环或稠环上带有羟基的化合物，是一种常见的有机污染物，主要来源包括石油化工、煤炭、医药制造等行业的废水、废气排放和垃圾焚烧等。这类化合物具有强烈的刺激性和显著的毒性，其毒性大小受到其结构（如取代基的位置、类型、数量等）和含量的影响。酚类化合物能够对人体的肝、肺、神经系统和免疫系统等造成损害，并对环境造成污染和破坏。因此，对环境空气中酚类化合物的检测具有重要意义。

当前，环境空气中酚类化合物的测定方法主要包括分光光度法（GB/T 17098）、气相色谱法、气相色谱-质谱联用法和高效液相色谱法（HJ 638）等。采用分光光度法测定环境空气中的酚类化合物操作烦琐，所需样本量大，试剂用量多，且空气中的还原性物质会干扰测定结果；采用气相色谱法测定环境空气中的酚类化合物时，需要先将样品衍生化，操作过程复杂，且衍生化效率会直接影响酚类化合物的测定。因此，基于高效液相色谱测定环境空气中的酚类化合物成为科研工作者的首选。

3.2.1 实验目的

① 了解高效液相色谱仪的基本构造、工作原理和基本操作。
② 熟悉高效液相色谱法测定环境空气中酚类化合物的方法。
③ 能够以环境空气中苯酚类化合物为例，掌握高效液相色谱法进行定性和定量分析的方法。

3.2.2 方法原理

通过空气采样器采集空气样品后，用甲醇萃取树脂吸附的酚类化合物，采用反相液相色谱柱实现不同种酚类化合物的分离，利用紫外检测器或二极管阵列检测器检测（由于苯环含有 π 电子，能够产生 $\pi \rightarrow \pi^*$ 跃迁，产生紫外吸收）。依据不同酚类化合物的保留时间定性；在其各自的校准曲线的线性范围内，依据所测得的峰面积与其含量之间的线性关系进行定量。

本方法适用于环境空气中 12 种酚类化合物的测定（包括苯酚、2-甲基苯酚、3-甲基苯酚、4-甲基苯酚、1,3-苯二酚、2,6-二甲基苯酚、4-氯苯酚、2-萘酚、1-萘酚、2,4,6-三硝基苯酚、2,4-二硝基苯酚和 2,4-二氯苯酚）。当采样体积为 25L 时，方法检出限为 $0.006 \sim 0.039 mg/m^3$，测定下限为 $0.024 \sim 0.156 mg/m^3$；当采样体积为 75L 时，方法检出限为 $0.002 \sim 0.013 mg/m^3$，测定下限为 $0.008 \sim 0.052 mg/m^3$，详见表 3-2。

表 3-2　方法检出限和测定下限　　　　　　单位：mg/m^3

序号	化合物	25L		75L	
		检出限	测定下限	检出限	测定下限
1	苯酚	0.028	0.112	0.009	0.036
2	2-甲基苯酚	0.029	0.116	0.010	0.040
3	3-甲基苯酚	0.019	0.076	0.007	0.028
4	4-甲基苯酚	0.017	0.068	0.006	0.024
5	1,3-苯二酚	0.027	0.108	0.009	0.036
6	2,6-二甲基苯酚	0.039	0.156	0.013	0.052
7	4-氯苯酚	0.029	0.116	0.010	0.040
8	2-萘酚	0.006	0.024	0.002	0.008
9	1-萘酚	0.025	0.100	0.008	0.032
10	2,4,6-三硝基苯酚	0.022	0.088	0.007	0.028
11	2,4-二硝基苯酚	0.019	0.076	0.006	0.024
12	2,4-二氯苯酚	0.021	0.084	0.008	0.032

3.2.3　试剂和材料

本实验所用试剂除另有注明外，均为符合国家标准的分析纯试剂；实验用水为无酚水，液相色谱检测无干扰峰。

① 无酚水：贮于玻璃瓶中，取用时，应避免与橡胶制品（橡胶塞或乳胶塞等）接触。无酚水可采用以下两种方法进行制备。

a. 于每升蒸馏水中加入 0.2g 经 200℃活化 30min 的活性炭粉末，充分振荡后，放置过夜，用双层中速滤纸过滤。

b. 加氢氧化钠使蒸馏水呈弱碱性，并加入高锰酸钾至溶液呈紫红色，移入全玻璃蒸馏器中加热蒸馏，收集流出液备用。

② 甲醇：HPLC 级。

③ 乙腈：HPLC 级。

④ 丙酮：优级纯。

⑤ 标准贮备液（$\rho = 1000\text{mg/L}$）：准确称取苯酚、2-甲基苯酚、3-甲基苯酚、4-甲基苯酚、1,3-苯二酚、2,6-二甲基苯酚、4-氯苯酚、2-萘酚、1-萘酚、2,4,6-三硝基苯酚、2,4-二硝基苯酚和 2,4-二氯苯酚各 0.050g 于 50mL 容量瓶中，用甲醇定容，混匀。在 4℃冰箱中保存。或直接购买市售有证标准溶液。

⑥ 标准使用液（$\rho = 100\text{mg/L}$）：量取 1.0mL 标准贮备液于 10mL 容量瓶中，用甲醇定容，混匀。在 4℃冰箱中保存。

⑦ XAD-7 树脂（40～60 目）：先用丙酮浸泡 12h，再放入索式提取器中用甲醇提取 16h，然后置于真空干燥器中挥发至干。

⑧ 玻璃纤维滤膜：置于马弗炉中在 350℃下灼烧 4h，冷却后用甲醇洗净的打孔器垂直切割成 8mm 直径的圆片，并置于干燥器中备用。

⑨ 玻璃棉：分别用丙酮和甲醇各洗涤 2～3 次，置于真空干燥器中备用。

⑩ V 型钢丝。

3.2.4　仪器和设备

① 空气采样器：流量范围为 0.1～1.0L/min，精度为 0.05L/min。

② 采样管：内径 6mm，外径 8mm，长 11cm。

制备方法：按图 3-2 所示，在采样管 A 端 2cm 处填入少许玻璃棉，然后加入 100mg XAD-7 树脂吸附剂，再依次装入少许玻璃棉和 75mg XAD-7 树脂吸附剂及少许玻璃棉，最后从 A 端放入玻璃纤维滤膜，用玻璃棒压实，然后用 V 型钢丝固定，两端用聚四氟乙烯帽封闭。

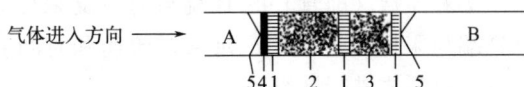

图 3-2　玻璃采样管结构示意图

A—采样管的前段，长 2cm；B—采样管的后端，长 4.5cm；1—玻璃棉；2—100mg XAD-7 树脂，长 2cm；
3—75mg XAD-7 树脂，长 1.5cm；4—玻璃纤维滤膜；5—V 型钢丝

③ 高效液相色谱仪（HPLC）：具紫外检测器或二极管阵列检测器。

④ 色谱柱：C_{18} 柱，4.60mm×150mm，粒径为 5.0μm，或其他等效色谱柱。

⑤ 索式提取器：250mL。

⑥ 马弗炉。

⑦ 真空干燥器。

⑧ 一般实验室常用器皿和设备。

3.2.5 干扰消除

环境空气中的苯、甲苯、乙苯、苯乙烯、三氯苯、四氯苯、苯并芘、苯胺、硝基苯等对酚类化合物的测定不产生干扰，其他干扰物可通过更换色谱柱或改变流动相的比例，使其与目标物分离。

3.2.6 样品采集及预处理

3.2.6.1 样品的采集

① 采样前应对采样器进行流量校准。在采样现场，将一支采样管 B 端与空气采样器连接，调整采样器流量，此采样管仅用于流量调节。

② 将采样管 B 端与空气采样器连接，采样管入口端垂直向下，记录流量，采样流量为 $0.2\sim0.5$L/min，采样时间根据实际情况确定。

③ 采样结束后记录采样流量。取下采样管，两端用聚四氟乙烯帽封闭。

3.2.6.2 样品的保存

采样结束后，将采样管置于密闭容器中带回实验室。如不能及时测定，应在 4℃以下避光保存，14 天内测定。

3.2.6.3 试样的制备

将采样管恢复至室温，从 B 端缓缓加入 5mL 甲醇淋洗，洗脱液从 A 端自然流出，用 2mL 棕色容量瓶收集洗脱液至接近刻度线时，停止收集，然后用甲醇定容至刻度线。

3.2.6.4 空白试样的制备

（1）运输空白

每次采集样品均应至少带一个运输空白样品。将同批制备好的采样管带至采样现场，不开封，采样结束后将其置于密闭容器中带回实验室。按照与试样制备相同步骤制备空白试样。

（2）实验室空白

在实验室内取同批制备好的采样管按照试样制备相同步骤制备实验室空白试样。

3.2.6.5 穿透试验

将两支采样管串联，一支采样管（前管）的 B 端与另一支采样管（后管）的 A 端用胶管连接，另一支采样管的 B 端与采样器连接，记录采样流速和时间。前管的 XAD-7 树脂吸附剂的吸附效率（％）按照下列公式进行计算：

$$K = \frac{M_1}{M_1 + M_2} \times 100\% \tag{3-2}$$

式中　K——前管的吸附效率，％；

　　　M_1——前管的采样量，mg；

　　　M_2——后管的采样量，mg。

3.2.7 分析步骤

3.2.7.1 色谱分析条件的选择

为了实现 12 种酚类化合物的有效分离，需要对色谱分析条件进行优化，包括流动相的组成、梯度、流速、柱温和进样量等。反相色谱法一般选择水和甲醇或者水和乙腈作为流动相，流动相的选择要与使用的检测器相匹配，本实验所用到的检测器为紫外检测器或二极管阵列检测器，因此流动相要选择对紫外吸收较低的溶剂。由于甲醇在低波长下有紫外吸收，且活性高，可能与某些样品发生反应，本实验选择水和乙腈作为流动相。梯度优化主要通过调节流动相的初始比例和梯度的斜率来调整目标化合物的保留时间以达到优化分离度的目的。一般有机相初始比例越小，目标化合物保留时间越长。根据速率理论，流动相流速增大，分子扩散的影响减小，使柱效提高，但同时传质阻力的影响增大，又使柱效下降；柱温升高，有利于传质，但又加剧了分子扩散的影响，因此需要选择最佳的柱温和流速，才能使柱效达到最高。进样量过少，会导致仪器不出峰；进样量过高，会导致峰展宽，甚至引起色谱柱过载和平头峰的出现。一般进样量为 $10\mu L$，目标化合物的灵敏度高可适当降低进样量，反之则增加进样量，进样量要控制在仪器的线性范围内。

3.2.7.2 参考色谱条件

流动相：初始流动相 20％乙腈：80％水（体积比），7.5min 内变为 45％乙腈：55％水（体积比），2min 内变成 80％乙腈：20％水（体积比），保持 5min。

检测波长：223nm。

流速：1.5mL/min。

进样量：$10\mu L$。

柱温：25℃。

3.2.7.3 校准曲线的绘制

分别量取 $0\mu L$、$50\mu L$、$100\mu L$、$200\mu L$、$500\mu L$、$1000\mu L$ 标准使用液于 10mL 容量瓶中，用甲醇定容，混匀。配制成浓度为 0mg/L、0.5mg/L、1.0mg/L、2.0mg/L、5.0mg/L 和 10.0mg/L 的标准系列。

由低浓度到高浓度依次量取 $10.0\mu L$ 标准系列，注入高效液相色谱仪，按照参考色谱条件进行测定，以色谱响应值为纵坐标，酚类化合物浓度（mg/L）为横坐标，绘制校准曲线。校准曲线相关系数 r 应大于等于 0.999。酚类化合物参考色谱图见图 3-3。

3.2.7.4 测定

量取 $10.0\mu L$ 试样，按照参考色谱条件进行测定，记录保留时间和色谱峰高（或峰面积）。

（1）定性分析

根据酚类化合物标准色谱图的保留时间定性。

（2）定量分析

用外标法定量计算样品中的酚类化合物浓度。

3.2.7.5 空白试验

量取 $10.0\mu L$ 空白试样，按照参考色谱条件进行测定。

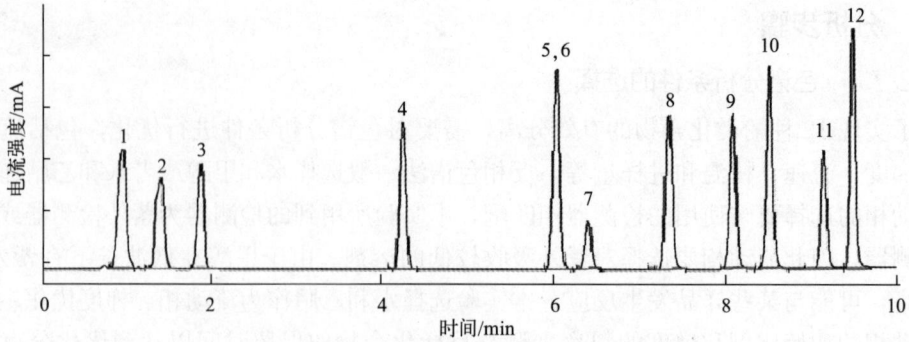

图 3-3 酚类化合物标准色谱图

1—2,4-二硝基苯酚；2—2,4,6-三硝基苯酚；3—1,3-苯二酚；4—苯酚；5—3-甲基苯酚；6—4-甲基苯酚；

7—2-甲基苯酚；8—4-氯苯酚；9—2,6-二甲苯酚；10—2-萘酚；11—1-萘酚；12—2,4-二氯苯酚

3.2.8 数据处理与结果表示

3.2.8.1 数据处理

环境空气样品中的酚类化合物浓度 ρ（mg/m^3），按照下列公式进行计算：

$$\rho = \frac{\rho_1 V_1}{V_s} \tag{3-3}$$

式中　ρ——样品中酚类化合物的浓度，mg/m^3；

　　　ρ_1——从校准曲线上查得酚类化合物的浓度，mg/L；

　　　V_1——洗脱液定容体积，mL；

　　　V_s——标准状况下（101.3kPa，273.2K）的采样体积，L。

3.2.8.2 结果表示

测定结果小于 $1mg/m^3$ 时，结果保留小数点后三位；测定结果大于等于 $1mg/m^3$ 时，结果保留三位有效数字。

3.2.9 质量保证和质量控制

① 采集前后流量的偏差应小于 5%，否则应重新采集。

② 每批样品至少测定一个实验室空白和运输空白，测定结果应低于方法检出限。

③ 每批样品至少测定 10% 的平行双样，样品数量少于 10 时，应至少测定一个平行双样，两次平行测定结果的相对偏差应小于等于 10%。

④ 每批样品应至少做一次穿透试验，前管吸附效率应大于等于 80%。

3.2.10 实验废物处置

酚类化合物属于有毒物质，实验过程所使用过的废液不能随意倾倒，应妥善处理。

3.2.11 注意事项

酚类化合物属于有毒物质，试样制备过程应在通风橱内进行操作，操作人员应避免直接接触皮肤和衣物。

3.2.12　思考题

① 如果使用参考色谱条件不能使酚类化合物完全分离，如何改变条件实现完全分离？为什么？

② 说明外标法进行色谱定量分析的优点和缺点。

③ 简述高效液相色谱紫外检测原理。

3.3　离子色谱法测定环境空气细颗粒物（PM$_{2.5}$）中的水溶性离子

离子色谱法（IC）是一种常用于环境分析的技术，特别是在检测和定量水样、土壤和大气中的阴离子和阳离子方面表现出色。它能够提供快速、灵敏和选择性好的分析结果，适用于环境监测和污染评估。

在水环境分析中，离子色谱法可用于检测饮用水、降水、天然水体中的氯化物、硝酸盐、硫酸盐等，这对于水质监测和管理具有重要意义；在土壤环境分析中，离子色谱法可以测定土壤中可溶性的钾离子、钠离子、钙离子、镁离子、氯离子、硝酸根和硫酸根等，以评估土壤的盐碱性、肥力状况和污染程度，还用于可交换态、有机结合态等分析不同形态的重金属分析，以帮助评估土壤污染状况和生态风险；在大气环境分析中，离子色谱法可检测大气颗粒物中的硫酸盐、硝酸盐、铵盐等离子成分，为分析污染来源和形成机制提供数据支持，也可用于监测一些气态污染物如氯化氢、氟化氢的浓度，测定大气气溶胶中的可溶性离子，帮助理解大气污染和气候变化之间的联系；离子色谱法还可用于岩石矿物、环境地质等研究中，用于分析某些阴阳离子，帮助理解地质过程和环境演化。

离子色谱法具有快速、灵敏、选择性好和分辨率高的特点，是 PM$_{2.5}$ 中无机阴离子（F$^-$、Cl$^-$、NO$_2^-$、Br$^-$、NO$_3^-$、PO$_4^{3-}$、SO$_3^{2-}$、SO$_4^{2-}$）和水溶性阳离子（Li$^+$、Na$^+$、NH$_4^+$、K$^+$、Ca^{2+}、Mg^{2+}）的测定方法（HJ 799，HJ 800），分析 PM$_{2.5}$ 中水溶性离子组分的含量有助于了解大气颗粒物的化学组成和来源，可为颗粒物来源解析和健康风险评估提供依据。本实验采用离子色谱法测定环境空气 PM$_{2.5}$ 中的水溶性阴离子（F$^-$、Cl$^-$、Br$^-$、NO$_3^-$、PO$_4^{3-}$、SO$_4^{2-}$）。

3.3.1　实验目的

① 熟悉离子色谱仪的组成结构及功能、工作原理及操作方法。

② 掌握离子色谱法测定 PM$_{2.5}$ 中 F$^-$、Cl$^-$、Br$^-$、NO$_2^-$、NO$_3^-$、PO$_4^{3-}$、SO$_3^{2-}$、SO$_4^{2-}$ 等水溶性阴离子的方法原理和操作要点。

③ 能够采用合适的定量分析方法和质量控制措施实现对 PM$_{2.5}$ 中水溶性阴离子的准确测定。

3.3.2　方法原理

采集的环境空气细颗粒物（PM$_{2.5}$）样品，经去离子水超声提取、阴离子色谱柱交换分离后，用抑制型电导检测器检测。根据保留时间定性，峰高或峰面积定量。

3.3.3 试剂和材料

除非另有说明，分析时均使用符合国家标准的分析纯试剂。实验用水为电阻率≥ 18MΩ·cm（25℃），并经过 0.45μm 微孔滤膜过滤的去离子水。

① 基准物质。

氟化钠（NaF）、氯化钠（NaCl）、溴化钾（KBr）、硝酸钾（KNO₃）、磷酸二氢钾（KH₂PO₄）、无水硫酸钠（Na₂SO₄）、碳酸钠（Na₂CO₃）等基准物质均为优级纯，使用前应于 105℃±5℃ 干燥恒重后，置于干燥器中保存。

亚硝酸钠（NaNO₂）、亚硫酸钠（Na₂SO₃）、碳酸氢钠（NaHCO₃）等基准物质均为优级纯，使用前应置于干燥器中平衡 24h。

② 甲醛（CH₂O）：纯度 40%。

③ 氢氧化钠（NaOH）：优级纯。

④ 阴离子标准贮备液：ρ（阴离子）＝1000mg/L。

分别准确称取一定量的基准物质溶于适量水中，全量转入 1000mL 容量瓶，用水稀释定容至标线，混匀。转移至聚乙烯瓶中，于 4℃ 以下冷藏、避光和密封保存。

氟离子标准贮备液、氯离子标准贮备液、溴离子标准贮备液、硝酸根标准贮备液、硫酸根标准贮备液可保存 6 个月；亚硝酸根标准贮备液、磷酸根标准贮备液、亚硫酸根标准贮备液可保存 1 个月。

亦可购买各种阴离子的市售有证标准物质。

⑤ 混合标准使用液。

分别移取一定体积的阴离子标准贮备液（准确移取氟离子标准贮备液、溴离子标准贮备液、亚硝酸根标准贮备液各 10.0mL，氯离子标准贮备液、硝酸根标准贮备液各 100.0mL，磷酸根标准贮备液、亚硫酸根标准贮备液各 50.0mL，硫酸根标准贮备液 200.0mL）置于一个 1000mL 容量瓶中，用水稀释定容至标线，混匀，配制成阴离子混合标准使用液。

混合标准使用液中各阴离子的浓度：10mg/L 的 F^-、Br^-、NO_2^-，100mg/L 的 Cl^-、NO_3^-，50mg/L 的 PO_4^{3-}、SO_3^{2-} 和 200mg/L 的 SO_4^{2-}。

⑥ 碳酸盐淋洗液：根据仪器型号及色谱柱说明书使用条件进行配制。以下给出的淋洗液条件供参考。

a. 碳酸盐淋洗液 Ⅰ：$c(Na_2CO_3)＝6.0mmol/L$，$c(NaHCO_3)＝5.0mmol/L$。

准确称取 1.2720g 碳酸钠和 0.8400g 碳酸氢钠，分别溶于适量水中，全量转入 2000mL 容量瓶，用水稀释定容至标线，混匀。

b. 碳酸盐淋洗液 Ⅱ：$c(Na_2CO_3)＝3.2mmol/L$，$c(NaHCO_3)＝1.0mmol/L$。

准确称取 0.6784g 碳酸钠和 0.1680g 碳酸氢钠，分别溶于适量水中，全量转入 2000mL 容量瓶，用水稀释定容至标线，混匀。

⑦ 氢氧根淋洗液：由淋洗液自动电解发生器在线生成或手工配制。

a. 氢氧化钾淋洗液：由淋洗液自动电解发生器在线生成。

b. 氢氧化钠淋洗液：$c(NaOH)＝100mmol/L$。

准确称取 100.0g 氢氧化钠，加入 100mL 水，搅拌至完全溶解，于聚乙烯瓶中静置 24h，制得氢氧化钠贮备液，于 4℃ 以下冷藏、避光和密封可保存 3 个月。

移取 5.20mL 上述氢氧化钠贮备液于 1000mL 聚乙烯容量瓶中，用水稀释定容至标线，混匀后立即转移至淋洗液瓶中，可加氮气保护，以减缓碱性淋洗液吸收空气中的 CO_2 而失效。

⑧ 采样滤膜：选用优质空白值较低的玻璃纤维、石英或其他材质的滤膜，并能满足颗粒物采样技术要求的产品。石英滤膜可通过 450℃ 高温加热处理 1～2h，在干燥器中平衡 24h 后使用。

3.3.4　仪器和设备

① 环境空气颗粒物（$PM_{2.5}$）采样器：采样装置由采样头（配备 $PM_{2.5}$ 切割器）、采样泵和流量计组成。流量计为中流量，量程 60～125L/min；流量示值误差≤2%。

② 离子色谱仪：由离子色谱仪、操作软件及所需附件组成的分析系统。

a. 色谱柱：阴离子分离柱（聚二乙烯基苯/乙基乙烯苯/聚乙烯醇基质，具有烷基季铵或烷醇季铵功能团、亲水性、高容量色谱柱）和阴离子保护柱。一次进样可测定 F^-、Cl^-、Br^-、NO_2^-、NO_3^-、PO_4^{3-}、SO_3^{2-}、SO_4^{2-} 等 8 种水溶性阴离子，峰的分离度不低于 1.5。

b. 阴离子抑制器。

c. 电导检测器。

③ 滤膜盒：聚四氟乙烯（PTFE）或聚苯乙烯（PS）材质。

④ 样品瓶：硬质玻璃或聚乙烯材质，容积≥100mL，带螺旋盖。

⑤ 超声波清洗器：频率 40～60kHz。

⑥ 抽气过滤装置：配有孔径≤0.45μm 的醋酸纤维或聚乙烯滤膜。

⑦ 样品管：聚丙烯（PP）或聚四氟乙烯（PTFE）材质，具螺旋盖。

⑧ 一次性水系微孔滤膜针筒过滤器（孔径 0.45μm）。

⑨ 一次性注射器（1～10mL）。

⑩ 一般实验室常用器皿和设备。

3.3.5　干扰消除

① 对保留时间相近的两种阴离子，当其浓度相差较大而影响低浓度离子的测定时，可通过稀释、调节流速、改变碳酸钠和碳酸氢钠浓度比例，或选用氢氧根淋洗等方式消除和减少干扰。

② 当选用碳酸钠和碳酸氢钠淋洗液，水负峰干扰 F^- 的测定时，可在样品与标准溶液中分别加入适量相同浓度和等体积的淋洗液，以减小水负峰对 F^- 的干扰。

3.3.6　样品的采集和制备

3.3.6.1　样品的采集

（1）膜的准备

滤膜检查：对光检查滤膜的完整性，确认是否有不均匀光斑、折痕和破损等，如果对光检查发现有透光点或小孔则该空白滤膜作废不可使用，如果发现滤膜有折痕或边缘破损则该滤膜作废不可使用。

选择边缘平滑、无毛刺、无针孔、无折痕、无破损的采样滤膜，将选好的滤膜编号，置于恒温恒湿箱中平衡 24h，平衡温度取 15～30℃ 范围内任一点，相对湿度控制在 45%～55% 范围内，记录平衡温度与湿度。平衡 24h 后，用感量为 0.1mg 或 0.01mg 的分析天平称量滤膜，记录滤膜质量 m_1（mg）。将称量好的滤膜放入滤膜盒内保存。

（2）采样

在指定的采样位置，使用环境空气颗粒物采样器（配备 $PM_{2.5}$ 切割器）进行采样，采样器入口距离地面高度不得小于 1.5m；采样时，将已称重的滤膜用镊子放入洁净采样夹内的滤网上，滤膜毛面应朝进气方向。将滤膜牢固压紧使其不漏气，采样流量 100L/min，采样时间 24h±1h。采样结束后，取下滤膜夹，用镊子轻轻夹住滤膜边缘，取下样品滤膜，并检查在采样过程中滤膜是否有破裂现象，或滤膜上尘的边缘轮廓不清晰的现象。若有，则该样品膜作废，需重新采样。确认无破裂后，将滤膜的采样面向上平稳放入与样品膜编号相同的滤膜盒中，使用锡箔纸包裹滤膜盒（应避免锡箔纸接触到滤膜）。装有样品的滤膜保存盒应保持平放，禁止竖放和倒置。

同时采集平行样。

（3）全程序空白样品的采集

选取与样品采集同批的空白滤膜，与采样滤膜同时携带至采样现场，并且按照实际采样操作，将空白滤膜安装在采样器上（采样流量为 0）随即再取下，用锡箔纸包裹后放回滤膜盒，在采样记录里填写相应的滤膜编号等信息，并与样品同批运输回实验室。

（4）样品的运输和保存

样品运输过程中，需使用锡箔纸包裹滤膜盒防止样品污染，注意采样面需保持平稳朝上，防止滤膜倒置，尽量避免剧烈振动、晃动，并注意滤膜包装的严密性，防止滤膜从膜盒中散落，并确保样品在 4℃以下环境条件运输。样品应尽快转运至实验室，在无刺激性气体、避免阳光照射的常温环境条件下，置于干燥器内密封保存，7d 内完成测定。

3.3.6.2 样品的制备

（1）$PM_{2.5}$ 滤膜试样的制备

小心剪取 1/4～1 张 $PM_{2.5}$ 滤膜样品，放入样品瓶，加入 100.0mL 实验用水浸没滤膜，加盖浸泡 30min 后，置于超声波清洗器中超声提取 20min。提取液经抽气过滤装置过滤后，倾入样品管通过离子色谱仪的自动进样器直接进样测定。也可用带有水系微孔滤膜针筒过滤器的一次性注射器手动进样测定。

（2）实验室空白试样的制备

使用与样品采集同批次的空白滤膜，按照与 $PM_{2.5}$ 滤膜试样制备的相同步骤制备。

（3）全程序空白试样的制备

将与样品采集同批次的空白滤膜带至采样现场，不采集空气中的 $PM_{2.5}$ 样品，按照样品的运输和保存要求，与 $PM_{2.5}$ 样品一起带回实验室，按照与 $PM_{2.5}$ 滤膜试样制备的相同步骤制备。

（4）空白加标样品的制备

制备空白滤膜的加标样，加标方式为将混合标准溶液滴加在空白滤膜上，待混合标准溶液风干后，按照与 $PM_{2.5}$ 滤膜试样制备的相同步骤制备。加标量与实际样品浓度相当。

3.3.7 分析步骤

3.3.7.1 离子色谱分析参考条件

根据仪器使用说明书优化测量条件或参数，可按照实际样品的基体及组成优化淋洗液浓度。本实验给出的离子色谱分析条件参考如下：AS14 型阴离子分离柱，AG14 型阴离子保护柱，氢氧根淋洗液 $c(NaOH/KOH)=100mmol/L$，流速 1.0mL/min，ASRS-ULTRA 抑制型电导检测器。

参考条件对应的阴离子标准溶液色谱图如图 3-4 所示。

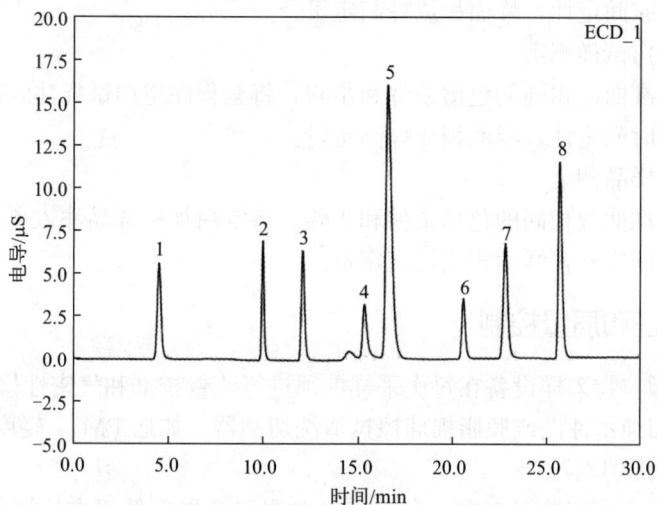

图 3-4　8种阴离子标准溶液色谱图（氢氧根体系）

1—F^-；2—Cl^-；3—NO_2^-；4—SO_3^{2-}；5—SO_4^{2-}；6—Br^-；7—NO_3^-；8—PO_4^{3-}

3.3.7.2　标准曲线的绘制

分别准确移取 0.00mL、1.00mL、2.00mL、5.00mL、10.0mL、20.0mL 混合标准使用液，置于一组 100mL 容量瓶中，用水定容至标线，混匀。配制成 6 个不同浓度的混合标准系列，混合标准系列中阴离子的质量浓度见表 3-3。可根据被测样品的浓度确定合适的标准系列浓度范围。

表 3-3　阴离子标准系列浓度

阴离子名称	标准系列浓度/(mg/L)					
F^-	0.00	0.10	0.20	0.50	1.00	2.00
Cl^-	0.00	1.00	2.00	5.00	10.0	20.0
Br^-	0.00	0.10	0.20	0.50	1.00	2.00
NO_2^-	0.00	0.10	0.20	0.50	1.00	2.00
NO_3^-	0.00	1.00	2.00	5.00	10.0	20.0
PO_4^{3-}	0.00	0.50	1.00	2.50	5.00	10.0
SO_3^{2-}	0.00	0.50	1.00	2.50	5.00	10.0
SO_4^{2-}	0.00	2.00	4.00	10.0	20.0	40.0

按其浓度由低到高的顺序依次注入离子色谱仪，记录峰面积（或峰高）。以各离子的质量浓度为横坐标，峰面积（或峰高）为纵坐标，绘制标准曲线。

3.3.7.3　样品的测定

（1）试样测定

按照与绘制标准曲线相同的色谱条件和步骤，将制备的试样注入离子色谱仪测定阴离子浓度，以保留时间定性，峰面积或峰高定量。

（2）实验室空白试样测定

按照与绘制标准曲线相同的色谱条件和步骤，将实验室空白试样注入离子色谱仪测定阴离子浓度，以保留时间定性，峰面积或峰高定量。

（3）全程序空白试样测定

按照与绘制标准曲线相同的色谱条件和步骤，将全程序空白试样注入离子色谱仪测定阴离子浓度，以保留时间定性，峰面积或峰高定量。

（4）空白加标样品测定

按照与绘制标准曲线相同的色谱条件和步骤，将空白加标样品注入离子色谱仪测定阴离子浓度，以保留时间定性，峰面积或峰高定量。

3.3.8　质量保证和质量控制

① 环境空气颗粒物采样设备在每次采样前须进行流量校准和气密性检查。

② 采样前应用纯水冲洗或脱脂棉球擦拭清洗切割器，如遇 $PM_{2.5}$ 轻度及以上污染天气，采样后也应及时清洗切割器。

③ 应至少分析 2 个实验室空白，实验室空白测定结果应低于方法测定下限。否则需检查空白滤膜、纯水或操作过程等是否受污染；空白平行样测定值的相对偏差应≤20%。

④ 应至少做 1 个全程序空白，全程序空白测定结果应低于方法测定下限。否则应查明原因，重新采样分析直至合格之后才能测定样品。

⑤ 标准曲线浓度点不少于 6 个点，标准曲线的相关系数应≥0.995。

⑥ 滤膜样品平行双样测定结果的相对偏差应≤20%。

⑦ 空白加标样品的加标回收率须为 80%～120%。

3.3.9　数据处理与结果表示

$PM_{2.5}$ 中水溶性阴离子（F^-、Cl^-、Br^-、NO_2^-、NO_3^-、PO_4^{3-}、SO_3^{2-}、SO_4^{2-}）的质量浓度（ρ，$\mu g/m^3$）按照式（3-4）计算：

$$\rho = \frac{(\rho_1 - \rho_0) \times V \times N \times D}{V_{参}} \tag{3-4}$$

式中　ρ——滤膜样品中阴离子的质量浓度，$\mu g/m^3$；

ρ_1——试样中阴离子的质量浓度，mg/L；

ρ_0——滤膜实验室空白样品中阴离子质量浓度平均值，mg/L；

V——提取液体积，100.0mL；

N——滤膜切取分数，取整张滤膜超声提取则 $N=1$，取 1/4 张滤膜则 $N=4$；

D——试样稀释倍数；

$V_{参}$——参比状态下（101.325kPa，298.15K）采样总体积，m^3。

结果表示：测定结果用 $\mu g/m^3$ 表示，当样品含量小于 $1\mu g/m^3$ 时，结果保留至小数点后三位；当样品含量大于或等于 $1\mu g/m^3$ 时，结果保留三位有效数字。

3.3.10　注意事项

① 采样前后滤膜称重应使用同一台天平，操作天平应佩戴无粉尘、抗静电、无硝酸盐、

无磷酸盐、无硫酸盐的无粉丁腈手套。

② 离子色谱法所用去离子水的电导率应小于 $0.5\mu S/cm$，样品需经 $0.45\mu m$ 微孔滤膜过滤，除去样品中颗粒物，防止系统堵塞。

③ 整个系统环境不要进气泡，尤其每次更换淋洗液，须及时排气，以免气泡进入系统。

④ 若待测离子的浓度超过标准曲线，则试样与实验室空白应稀释相同倍数后测定，记录稀释倍数（D）。

⑤ 离子交换柱的型号、规格不一样时，色谱条件有差异，应该参考所用色谱柱的说明书确定分析条件。

3.3.11 思考题

① 简述用离子色谱法测定样品中水溶性无机离子的原理。

② 离子色谱法的流出曲线中为什么在离子的色谱峰前会出现一个负峰（倒峰）？应该怎样避免？

第4章
质谱及其联用技术在环境分析中的应用

近年来，质谱（MS）检测及其联用技术发展迅速，已渗透到环境分析化学的多个领域。色谱与质谱接口技术的发展，极大提高了色谱的灵敏度及其定性定量水平，拓宽了其分析范围和应用领域。色谱质谱联用技术结合同位素替代内标法，进一步提升了方法的灵敏度和准确度，使得许多污染物的检测限可达到 pg/L～ng/L 或 pg/g～ng/g 量级。

MS 分析是一种测量离子质荷比（m/z）的分析方法，能够提供丰富的物质结构信息，从而为目标物的定性定量分析提供灵敏可靠的结果。质谱仪种类繁多，从应用角度可分为有机质谱和无机质谱。目前环境分析中常用的有机质谱分析技术包括气相色谱-质谱联用（GC-MS）、气相色谱-串联质谱（GC-MS/MS）、液相色谱-质谱联用（LC-MS）、液相色谱-串联质谱（LC-MS/MS）等，而无机质谱包括电感耦合等离子体质谱（ICP-MS）、同位素比质谱（IRMS）等，且可与 GC 或 LC 进一步联用。

在环境分析中，色谱/质谱联用技术已逐步上升为常用的环境分析方法。如国家标准方法中多环芳烃类（GB/T 29784.3，HJ 805，HJ 646，HJ 950）、酚类（HJ 744，HJ 1150）、多氯联苯（GB 5009.190，HJ 902，HJ 715，HJ 891，HJ 743）、邻苯二甲酸酯类（HJ 1184，HJ 1242）、有机农药（HJ 900，HJ 912，HJ 1189，HJ 835，HJ 699）、除草剂（HJ 770，GB 23200.1，GB/T 21925）等都有采用 GC-MS 或 HPLC-MS 分析测定。我国现行的《生活饮用水卫生标准》（GB 5749）中规定了 46 种有机物指标的标准限值，这些指标大部分可采用 GC-MS、HPLC-MS 联用技术测定。

近年来，一些质谱新技术如静电场轨道阱质谱（Orbitrap-MS）、四极杆-飞行时间质谱（QTOF-MS）、四极杆-线性离子阱质谱（QLIT-MS）和加速器质谱（AMS）等明显提高了扫描速度、质量准确度和检测灵敏度，大气压光电离技术（APPI）提高了分析的灵敏度和准确度，ICP-MS 与 GC、LC 和毛细管电泳（CE）联用在无机和金属有机污染物的分析中作用突出，多接收器等离子体质谱技术（MC-ICP-MS）极大促进了金属稳定同位素技术方法在环境敏感元素（汞、铬、镉和硒等）研究中的应用，而气相色谱-同位素比质谱技术（GC-IRMS）在污染物源识别和环境过程研究中发挥出重要作用。

目前环境污染物分析正从传统的基于色谱和低分辨率色质联用的靶标分析技术向基于高分辨率色质联用以及色谱/串联质谱联用的非靶标分析方向发展。全二维气相色谱（GC×GC）和超高效液相色谱（UPLC）展现出高通量、高分离、高灵敏度等色谱优势，而 QT-OF-MS、Orbitrap-MS 等质谱在新污染物的定性、结构鉴定方面能够发挥巨大作用。这些色谱/质谱技术的联合将进一步识别筛选出更多潜在的未知污染物，为环境安全评价和相关毒理研究提供重要基础。此外，以高分辨色谱/质谱为基础的效应导向分析（effect-directed analysis）将生物效应评价与化学分析相结合，为高效识别有毒物质提供了新策略，是未来环境分析的重要方向。

本章以 MS 及其联用技术在环境分析中的应用为主要内容，通过介绍 LC-MS、GC-MS、ICP-MS、电感耦合等离子体发射光谱法（ICP-OES）等目前主流的环境分析技术及其典型应用案例，可为广大本科生和研究生提供教学实验参考。

4.1　液相色谱-质谱联用技术鉴定环境中的抗生素污染物

抗生素是一类可以消灭细菌或抑制细菌生长，用作预防或治疗细菌感染的药物，通常是微生物的代谢产物或人工合成的类似物。自 20 世纪 30 年代至今，抗生素一直作为抗菌药物使用，为人类健康与畜牧业发展作出了巨大贡献。然而，因在规模化畜禽与水产养殖业中大量使用抗生素，以及效率不高的医疗与工业废水处理程序，导致抗生素已经成为一类环境水体中存在较为普遍的新型污染物。在我国境内的主要河流、湖泊以及近海水域中均检测到了抗生素污染物。2022 年 12 月，此类污染物被列入中华人民共和国生态环境部发布的《重点管控新污染物清单（2023 年版）》中。

环境中残留的抗生素可能会对非目标生物造成不利影响，污染食物和饮用水供应，并导致细菌耐药性的增强。抗生素耐药基因以及抗生素耐药细菌的产生与传播，可能严重威胁人类健康与生态系统。世界卫生组织（WHO）于 2015 年 10 月启动了全球抗微生物药物耐药性和使用情况监测系统（GLASS），以及时了解全球范围内的抗生素危害情况。我国于 2020 年 10 月通过的《中华人民共和国生物安全法》，将微生物耐药的应对方案纳入其中。

鉴定环境中抗生素的种类是理解并控制此类污染物危害的重要一环。2007 年，美国推出了基于液相色谱-串联质谱法分析检测水、土壤、沉积物和生物组织等基体中药物及个人护理用品的测定方法（EPA 1694）。该方法目标物包括抗生素（包括磺胺类、四环素类、大环内酯类、喹诺酮类、青霉素类）、镇痛剂、抗酸剂（雷尼替丁）等 74 种药物。2023 年，中华人民共和国生态环境部发布了两份关于水中抗生素污染物检测的征求意见稿——《水质　18 种磺胺类抗生素和甲氧苄氨嘧啶的测定　高效液相色谱-三重四极杆质谱法》《水质　17 种氟喹诺酮类抗生素的测定　高效液相色谱-三重四极杆质谱法》，同样基于液相色谱-串联质谱法。

本实验主要介绍液相色谱-高分辨质谱法在污染物定性分析中的应用，相关内容是在参考上述征求意见稿、EPA 1694 以及一些文献报道后，将液相色谱-三重四极杆质谱法改写为液相色谱-四极杆飞行时间质谱法（LC-QTOF-MS）后编写而成的。

4.1.1　实验目的

① 了解高分辨质谱仪的基本构造。

② 掌握液相色谱-高分辨质谱联用技术鉴定抗生素污染物的基本原理及实验操作技能。

③ 能够依据测定对象的具体情况，结合固相萃取（SPE）法、LC-MS 技术、在线数据库解析等方式，鉴定地表水中主要的抗生素污染物。

4.1.2　方法原理

高分辨质谱法的检测原理是将样品中未知化合物的质荷比（m/z）、二级质谱（MS/MS）谱图与标准品或数据库中的信息进行对比分析，然后依据化合物的分子量、分子结构等固有特征鉴定抗生素的种类。基本操作流程如下：①富集环境样本中的抗生素污染物；②在通过高分辨质谱分析样品后，依据一级质谱（MS）图得到未知化合物的准确分子量，用于初步筛选抗生素；③将初筛得到的前体离子的 MS/MS 谱图与标准品或数据库进行匹配分析，进一步确认抗生素种类。

本方法适用于鉴定地表水、地下水中的抗生素污染物。近年来，从我国境内地表水中鉴定的部分抗生素污染物如表 4-1 所列。参照表 4-1 中信息可对高分辨质谱的检测结果进行初步筛选。

表 4-1　从我国地表水中鉴定的部分抗生素污染物

抗生素类别	CAS 号	中文名称	分子式	单同位素分子量/Da
磺胺类	59-40-5	磺胺喹噁啉	$C_{14}H_{12}N_4O_2S$	300.0681
	80-32-0	磺胺氯哒嗪	$C_{10}H_9ClN_4O_2S$	284.0135
	68-35-9	磺胺嘧啶	$C_{10}H_{10}N_4O_2S$	250.0524
	127-79-7	磺胺甲基嘧啶	$C_{11}H_{12}N_4O_2S$	264.0681
	651-06-9	磺胺对甲氧嘧啶	$C_{11}H_{12}N_4O_3S$	280.0630
	57-68-1	磺胺二甲嘧啶	$C_{12}H_{14}N_4O_2S$	278.0837
	723-46-6	磺胺甲噁唑	$C_{10}H_{11}N_3O_3S$	253.0521
	1220-83-3	磺胺间甲氧嘧啶	$C_{11}H_{12}N_4O_3S$	280.0630
	144-83-2	磺胺吡啶	$C_{11}H_{11}N_3O_2S$	249.0572
	738-70-5	甲氧苄啶	$C_{14}H_{18}N_4O_3$	290.1379
喹诺酮类	28657-80-9	西诺沙星	$C_{12}H_{10}N_2O_5$	262.0589
	85721-33-1	环丙沙星	$C_{17}H_{18}FN_3O_3$	331.1332
	112398-08-0	达诺沙星	$C_{19}H_{20}FN_3O_3$	357.1489
	98106-17-3	双氟沙星	$C_{21}H_{19}F_2N_3O_3$	399.1394
	74011-58-8	依诺沙星	$C_{15}H_{17}FN_4O_3$	320.1284
	93106-60-6	恩诺沙星	$C_{19}H_{22}FN_3O_3$	359.1645
	79660-72-3	氟罗沙星	$C_{17}H_{18}F_3N_3O_3$	369.1300
	112811-59-3	加替沙星	$C_{19}H_{22}FN_3O_4$	375.1594
	98079-51-7	洛美沙星	$C_{17}H_{19}F_2N_3O_3$	351.1394
	151096-09-2	莫西沙星	$C_{21}H_{24}FN_3O_4$	401.1751
	389-08-2	萘啶酸	$C_{12}H_{12}N_2O_3$	232.0848
	70458-96-7	诺氟沙星	$C_{16}H_{18}FN_3O_3$	319.1332
	82419-36-1	氧氟沙星	$C_{18}H_{20}FN_3O_4$	361.1438
	14698-29-4	噁喹酸	$C_{13}H_{11}NO_5$	261.0637
	70458-92-3	培氟沙星	$C_{17}H_{20}FN_3O_3$	333.1489
	19562-30-2	吡乙酸三氮萘	$C_{14}H_{16}N_4O_3$	288.1222
	111542-93-9	司帕沙星	$C_{19}H_{22}F_2N_4O_3$	392.1660
四环素类	57-62-5	金霉素	$C_{22}H_{23}ClN_2O_8$	478.1142
	564-25-0	强力霉素	$C_{22}H_{24}N_2O_8$	444.1532
	79-57-2	土霉素	$C_{22}H_{24}N_2O_9$	460.1481
	60-54-8	四环素	$C_{22}H_{24}N_2O_8$	444.1532

续表

抗生素类别	CAS 号	中文名称	分子式	单同位素分子量/Da
大环内酯类	81103-11-9	克拉霉素	$C_{38}H_{69}NO_{13}$	747.4768
	114-07-8	红霉素	$C_{37}H_{67}NO_{13}$	733.4612
	80214-83-1	罗红霉素	$C_{41}H_{76}N_2O_{15}$	836.5245
	8025-81-8	螺旋霉素	$C_{43}H_{74}N_2O_{14}$	842.5140
其他类	26787-78-0	阿莫西林	$C_{16}H_{19}N_3O_5S$	365.1045
	63527-52-6	头孢噻肟酸	$C_{16}H_{17}N_5O_7S_2$	455.0569
	25953-19-9	头孢唑啉	$C_{14}H_{14}N_8O_4S_3$	454.0300
	15686-71-2	头孢氨苄	$C_{16}H_{17}N_3O_4S$	347.0940
	61-33-6	青霉素	$C_{16}H_{18}N_2O_4S$	334.0987
	87-08-1	青霉素 V	$C_{16}H_{18}N_2O_5S$	350.0936
	73231-34-2	氟苯尼考	$C_{12}H_{14}Cl_2FNO_4S$	357.0004
	42835-25-6	氟甲喹	$C_{14}H_{12}FNO_3$	261.0801
	15318-45-3	甲砜霉素	$C_{12}H_{15}Cl_2NO_5S$	355.0048
	154-21-2	林可霉素	$C_{18}H_{34}N_2O_6S$	406.2137
	7681-76-7	洛硝哒唑	$C_6H_8N_4O_4$	200.0545
	1695-77-8	大观霉素	$C_{14}H_{24}N_2O_7$	332.1583
	57-92-1	链霉素	$C_{21}H_{39}N_7O_{12}$	581.2656

4.1.3 仪器和设备

① 液相色谱-高分辨质谱联用仪：配 C18 色谱柱、电喷雾离子源。

② 溶剂过滤器（500mL）。

③ 固相萃取装置。

④ 循环水真空泵。

⑤ 真空离心浓缩仪（或氮吹仪）。

⑥ 台式高速离心机。

⑦ 分析天平。

⑧ 一般实验室常用器皿和设备。

4.1.4 试剂和材料

本实验所用试剂除另有注明外，均为符合国家标准的分析纯试剂；实验用水为新制备的超纯水。

① 乙腈。

② 甲酸：LC-MS 纯。

③ 甲醇：LC-MS 纯。

④ 乙醇。

⑤ SPE 小柱：亲水亲脂平衡（HLB）柱，200mg，6mL。

⑥ 0.45μm 微孔滤膜（水相，直径 50mm）。

⑦ 进样瓶：2mL，棕色，带内插管和瓶盖。

⑧ 离心管：1.5mL。

⑨ 乙二胺四乙酸（EDTA）二钠二水合物。

⑩ SPE平衡液：体积分数为0.04%甲酸的水溶液。

⑪ SPE淋洗液：体积分数为5%甲醇的水溶液。

⑫ SPE洗脱液：60mL乙腈与40mL甲醇混合。

⑬ 上机液：体积分数为50%甲醇的水溶液。

⑭ 色谱流动相A：体积分数为0.1%甲酸的水溶液。

⑮ 色谱流动相B：甲醇。

4.1.5 干扰消除

（1）悬浮物的消除

水中悬浮物等干扰抗生素的富集过程，需预先除去。组装溶剂过滤器，依次用100mL水、100mL乙醇冲洗砂芯及三角瓶，干燥后备用。将0.45μm微孔滤膜平铺于砂芯上方，再次组装溶剂过滤器。取300mL水样，通过溶剂过滤器除去水中悬浮物，然后回收三角瓶中的样品。取250mL的回收水样，向其中加入100μL甲酸、0.0232g EDTA二钠，充分混匀后待用。

（2）试剂与器材污染的消除

取300mL超纯水，采用与悬浮物消除中相同的方法对其进行处理，作为空白样品。

（3）LC-MS仪器干扰的消除

在通过LC-MS分析空白样、水样之前，使用相同的数据采集方法进样2针上机液。

4.1.6 样品预处理

使用固相萃取仪在同等条件下分别处理空白样、水样。基本操作如下：依次用5mL甲醇、5mL乙腈、5mL的SPE平衡液清洗HLB小柱；待载入全部样品后，用5mL的SPE淋洗液清洗HLB小柱；将小柱真空干燥1h后，用5mL的SPE洗脱液冲洗小柱并回收这部分溶液；将回收的溶液置于真空离心浓缩仪中，至近乎干燥后取出；用50μL上机液稀释样品，待溶液于12500r/min转速下被离心15min后，取上清液载入装有内插管的进样瓶中。

4.1.7 分析步骤

（1）LC-MS方法参数设置

流动相的组成与流速、色谱柱的柱温等对目标物的分离或离子化产生影响，可依据预实验得到的谱图进行适当调节。本实验的相关参数参考《水质 18种磺胺类抗生素和甲氧苄氨嘧啶的测定 高效液相色谱-三重四极杆质谱法（征求意见稿）》、《水质 17种氟喹诺酮类抗生素的测定 高效液相色谱-三重四极杆质谱法（征求意见稿）》。流动相通常调节为酸性pH，并可考虑添加少量挥发性铵盐（本实验出于简化分析数据等原因，未添加铵盐）。流动相的流速主要依据液相色谱的类型来选用常规设置，例如，对于UPLC而言，流速可设置为0.2~0.5mL/min。色谱柱柱温亦可选用常规区间，例如35~40℃。

参考液相色谱的梯度洗脱程序如下：色谱流动相B由10%增加到95%；进样前，用

10%色谱流动相 B 平衡色谱柱直至基线平稳；单次进样 4.0μL（大约相当于 20mL 原始水样）。其他参数依据仪器类型选用适合的常规设置。

质谱参数设置如下：正离子模式；一级质谱扫描范围 150～1000Da；二级质谱采用数据依赖采集（DDA）模式，扫描范围 30～1000Da，碰撞能量 CE＝（35±5）V。其他参数依据仪器类型选用适合的常规设置。

（2）质谱仪的调谐

在确认仪器可以正常运行后，使用仪器厂商提供的校正液以及数据采集方法，对质谱仪进行调谐。校正液通常为多种 m/z 已知的化合物的混合物，通过将校正液的检测结果与理论数据进行参照分析，由仪器控制软件自动完成质量数校正。

（3）LC-MS 分析样品

以相同的数据采集方法，先进样 2 针上机液，然后依次进样空白样、上机液、水样。若有多个水样，则检测每个水样之前，先进样至少 1 针上机液。

4.1.8 数据处理与结果表示

（1）初步筛选抗生素污染物

使用 LC-MS 配套的数据分析软件，收集汇总在水中被检测到，但在空白样、上机液中未被检测到的前体离子。

在默认电荷加合方式为 [M＋H]$^+$ 的情况下，将离子 m/z 去电荷后与表 4-1 中的"单同位素分子量"数值进行对照，记录差异小于±0.005Da 的化合物的名称与分子式（依据仪器类型可适当调整误差大小），作为抗生素污染物的初步筛选结果。

（2）对初筛结果进一步验证

可通过抗生素标准品产生的 MS/MS 谱图，或在线数据库提供的 MS/MS 谱图对初筛结果进一步验证。以在线数据库 Massbank 为例，操作流程如下。

在网页中点击"Search Spectra"后，在"Basic Search"下的"Formula"中输入初筛结果中某化合物的分子式；勾选"Mass Spectrometry Information"中的"ESI""MS2""Positive"后，点击"Search"；在搜索结果中找到该化合物的英文名称，点击 CE＝20～40V 的某个条目后即可显示相应的 MS/MS 谱图；将本实验中得到的该化合物的 MS/MS 谱图与数据库中的 MS/MS 谱图进行对比分析，若存在三个或更多丰度较高的产物离子可以匹配，则说明鉴定结果可信度较高。除此之外，还有一些其他在线数据库可以使用，例如 Drugbank、ContaminantDB 等，可依据教学需求自行选择，不再赘述。

图 4-1 以阿莫西林为例，对数据库中的信息以及本实验的采集数据进行对比分析，其中，m/z＝70.04Da、113.97Da、134.03Da、160.02Da、180.02Da 等产物离子均成功匹配，表明水样中存在阿莫西林。以此类推，对初筛结果进行逐一验证后，汇总可信度高的化合物，作为本实验的最终鉴定结果。

4.1.9 注意事项

① 在分析样品前，应当对质谱仪进行校正。

② 在排除假阳性时，应当与空白样、上机液的检测结果均进行对比。

③ 可联合抗生素标准品、多个在线数据库对初筛结果进行匹配分析，以提高污染物的鉴定数量。

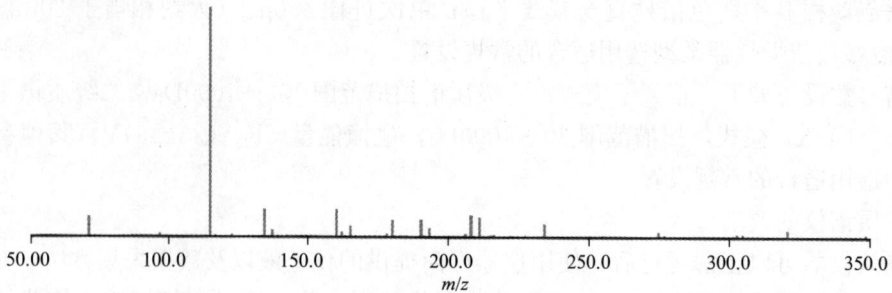

(a) 在线数据库中阿莫西林的MS/MS谱图

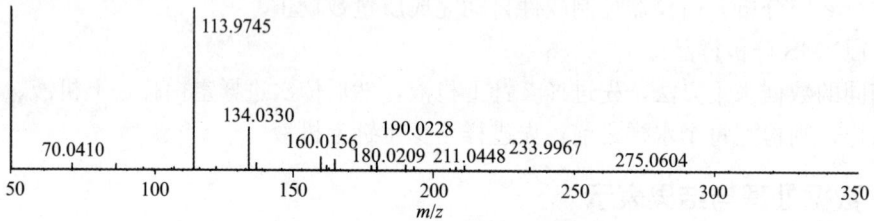

(b) 本实验采集到的某化合物的MS/MS谱图

图 4-1　阿莫西林的 MS/MS 谱图

④ 通过 LC-MS 分析多个水样时，样品之间应当用上机液隔开。

⑤ 部分抗生素有同分异构体，鉴定时须谨慎。

⑥ 实验结束后，注意对 LC-MS 进行清洗维护。

4.1.10　思考题

① 如何制备空白样品？空白样品、上机液各用于排除哪些干扰因素？

② 化合物的"单同位素分子量"与"分子量"有什么区别？在分析讨论高分辨质谱的检测结果时，为什么主要关注单同位素分子量？

③ 通过电喷雾质谱的正离子模式检测某样品，当流动相中含有甲酸时，典型的电荷加合形式是什么？还有其他哪些可能的电荷加合形式？

④ 若有基于相同 LC-MS/MS 方法得到的抗生素标准品检测结果，可依据标准品提供的哪些信息鉴定水样中的抗生素种类？

4.2　液相色谱-质谱法测定水中的硝基酚类化合物

自 20 世纪后半叶以来，随着工业化趋势持续扩大，大量含有化学污染物的工业废水被排放到自然环境中，对水体造成了不小的损害。其中，酚类化合物是一种典型代表，因其生物降解效率低，可以在环境中长期留存，导致地下水、饮用水和地表水恶化。研究表明，即便水体环境中存在含量很低的酚类化合物，也可能损伤肝脏、红细胞等，对人类和动物造成严重而持久的影响；此外，这些污染物会危害水生生物、微生物等，破坏生态系统的整体平衡性。

常见的酚类化合物包括双酚类、氯苯酚类、硝基酚类等。以硝基酚类化合物为例，其在皮革、医药、化学合成等领域被广泛应用，因此可通过多种途径进入环境水体中。评估硝基酚类化合物健康风险的关键环节之一在于监测环境中此类化合物的含量变化。中华人民共和国生态环境部在 2019—2020 年发布了基于液相色谱-三重四极杆质谱法（HJ 1049）、气相色谱-质谱法（HJ 1150）的环境水样中硝基酚类化合物的测定方法。本实验即是基于这两项环保标准而设计的。

4.2.1 实验目的

① 了解三重四极杆质谱仪的基本构造。

② 掌握液相色谱-三重四极杆质谱法测定硝基酚类化合物浓度的基本原理及实验操作技能。

③ 能够依据测定对象的具体情况，结合 SPE 法与 LC-MS 技术，定量分析地表水或工业废水等环境水样中的硝基酚类化合物。

4.2.2 方法原理

应用液相色谱-三重四极杆质谱法检测样品时，主要基于多反应监测（MRM）模式，其基本原理是：将目标化合物的母离子与子离子组成离子对，在依据保留时间与定性子离子完成定性分析后，再以定量子离子结合外标法或内标法进行定量分析。对于本实验，其基本操作流程如下：

① 富集环境水样中的硝基酚类化合物。

② 获得包括内标物在内的每个目标化合物的多反应监测条件。

③ 在适合的 LC-MS 条件下检测标准样、水试样、空白样。

④ 以定量子离子产生的响应值为依据，通过内标法或外标法计算水样中目标化合物的浓度。

参照国家环境保护标准 HJ 1049—2019 与 HJ 1150—2020，以及相关文献资料，汇总环境水样中部分硝基酚类化合物，如表 4-2 所列。可依表 4-2 中信息初步设置目标化合物的多反应监测条件。本方法适用于检测地表水、地下水、生活污水、工业废水中的硝基酚类化合物。

表 4-2 环境水样中部分硝基酚类化合物

化合物名称	CAS 号	母离子 (m/z)	定量子离子 (m/z)	定性子离子 (m/z)	定量子离子的碰撞电压/V	定性子离子的碰撞电压/V
2-硝基酚	88-75-5	138.1	80.1	108.1	−45	−40
4-硝基酚	100-02-1	138.0	46.1	92.0	−48	−35
2,4-二硝基酚	51-28-5	183.0	108.9	123.0	−36	−26
2,6-二硝基酚	573-56-8	183.1	79.0	64.1	−30	−40
2,4,6-三硝基酚	88-89-1	227.9	181.9	198.0	−26	−26
4-甲基-2-硝基酚	119-33-5	152.0	136.0	123.0	−45	−35
3-甲基-4-硝基酚	2581-34-2	152.0	136.0	77.0	−35	−40
4,6-二硝基邻甲酚	534-52-1	197.0	109.0	150.0	−65	−60
2,4-二硝基酚-d_3(内标)	93951-77-0	186.1	112.0	126.0	−36	−27

4.2.3 仪器和设备

① 液相色谱-三重四极杆质谱联用仪。配 C18 色谱柱、电喷雾离子源。

② 溶剂过滤器（500mL）。

③ 固相萃取装置。

④ 循环水真空泵。

⑤ 真空离心浓缩仪（或氮吹仪）。

⑥ 台式离心机。

⑦ 分析天平。

⑧ 分液漏斗（250mL，具聚四氟乙烯活塞）。

⑨ 一般实验室常用器皿和设备。

4.2.4　试剂和材料

本实验所用试剂除另有注明外，均为符合国家标准的分析纯试剂；实验用水为新制备的不含目标化合物的超纯水。

① 甲醇：LC-MS 纯。

② 甲酸：HPLC 纯。

③ 二氯甲烷：HPLC 纯。

④ 正己烷：HPLC 纯。

⑤ 氨水：25%，HPLC 纯。

⑥ 甲醇：HPLC 纯。

⑦ 甲酸铵：HPLC 纯。

⑧ 盐酸：0.02mol/L。

⑨ 固相萃取柱：亲水亲脂平衡（HLB）柱，500mg，6mL。

⑩ 微孔滤膜（0.45μm，聚四氟乙烯，50mm）。

⑪ 离心管：15mL。

⑫ 进样瓶：2mL，棕色，带瓶盖。

⑬ 内标液：内标物为 2,4-二硝基酚-d_3，参考浓度为 200μg/L，在 −10℃ 以下避光保存。可通过甲醇（HPLC 纯）溶解标准物质（纯度＞98%）获得，或将高浓度的内标贮备液用甲醇（HPLC 纯）稀释至需要浓度。

⑭ 混合标准液：参考浓度为 5.00mg/L（每种硝基酚类标准物质的浓度均为 5.00mg/L），在 −10℃ 以下避光保存。可通过甲醇（HPLC 纯）溶解标准物质（纯度＞99.0%）获得，或将高浓度的标准贮备液用甲醇（HPLC 纯）稀释至需要浓度。

⑮ 水样净化液：正己烷/二氯甲烷 ＝1/2（体积比）。

⑯ 色谱流动相 A：甲酸铵-甲酸缓冲液，浓度为 10mmol/L，pH＝4（0.315g 甲酸铵、约 70μL 甲酸溶于 500mL 水中）。

⑰ 色谱流动相 B：甲醇（LC-MS 纯）。

4.2.5　质量保证和质量控制

（1）空白试验

每进样 20 针时至少测定一个空白样品，测定结果应低于方法的检出限。

（2）校准

每批样品应建立标准曲线，线性相关系数≥0.995。

每 20 针时应测定一个中间浓度点的标准溶液，测定结果的相对误差应在 ±20% 以内。

4.2.6　干扰消除

（1）悬浮物的消除

采集水样，用氨水或甲酸调节至 pH＝7～9，然后于 4℃避光保存，7d 内完成分析。

水中悬浮物等会干扰目标化合物的富集过程，需预先除去。方法如下：组装溶剂过滤器，依次用 100mL 水、50mL 甲醇（HPLC 纯）冲洗砂芯及三角瓶，干燥后备用；将 0.45μm 微孔滤膜平铺于砂芯上方，再次组装溶剂过滤器；取 200mL 水样，通过溶剂过滤器除去水中悬浮物，然后回收三角瓶中的样品。

（2）试剂与器材污染的消除

取 200mL 超纯水，采用与悬浮物的消除中相同的方法对其进行处理，作为空白样。

4.2.7　样品预处理

（1）水样与空白样的处理

取 150mL 的回收水样（或空白样），置于分液漏斗中，向其中加入 30mL 水样净化液，振荡 5min 后静置一段时间。待溶液分层后，留取 100mL 上层水相溶液，并用甲酸调节至 pH＝2，备用。

使用固相萃取装置在同等条件下分别处理空白样、水样。基本操作如下：依次用 5mL 二氯甲烷、5mL 甲醇（HPLC 纯）、10mL 盐酸清洗 HLB 小柱；待载入全部样品后，将小柱真空干燥 1h；用 10mL 甲醇（HPLC 纯）冲洗小柱并回收这部分溶液；将回收的溶液浓缩至 0.3～0.5mL 后，用甲醇（HPLC 纯）、水将其定容至 1.0mL，并使得甲醇与水的最终体积均为 500μL；待加入 10μL 内标液后，将样品溶液转移至进样瓶中。

（2）标准系列溶液的配制

取适量的硝基酚类化合物混合标准液，用甲醇（HPLC 纯）稀释以配制成标准系列溶液。配制至少 5 个浓度点，参考浓度分别为 4.00μg/L、10.00μg/L、20.0μg/L、40.0μg/L、100.0μg/L。转移 500μL 标准系列溶液至进样瓶中，向其中加入 500μL 水、10μL 内标液，混匀待测，最终浓度分别为 2.00μg/L、5.00μg/L、10.0μg/L、20.0μg/L、50.0μg/L。

4.2.8　分析步骤

（1）LC-MS 方法参数设置

液相色谱条件参考如下：柱温 30℃；执行梯度洗脱程序，流动相 B 由 30％增加到 90％；进样前，用 30％流动相 B 平衡色谱柱直至基线平稳；单次进样 10μL。其他参数依据仪器类型选用适合的常规设置。

质谱参数设置如下：负离子模式；多反应监测的初始条件可参考表 4-2，然后根据实际情况调整。其他参数依据仪器类型选用适合的常规设置。

（2）质谱仪的调谐

在分析样品前，按照仪器厂商提供的方法对质谱仪的质量数进行校正。

（3）LC-MS 分析样品

以相同的 LC-MS 检测方法，由低浓度到高浓度对标准系列溶液进行测定。待进样 2 针体积分数为 50％的甲醇以排除标准物质残留后，再测定空白样、水样。

以某个目标化合物为例，参考的样品测定结果记录情况如表 4-3 所示（除内标物外，表中的化合物均指不同样品溶液中的同一种物质）。

表 4-3　水样中硝基酚类化合物测定结果记录表

样品类型	化合物的保留时间	定性子离子的响应值	定量子离子的响应值	内标物浓度	化合物浓度	标准曲线方程
标准溶液 1						
			（内标物）			
标准溶液 2						
			（内标物）			
标准溶液 3						
			（内标物）			
标准溶液 4						
			（内标物）			
标准溶液 5						
			（内标物）			
试样溶液					（待测）	—
			（内标物）			

4.2.9　数据处理与结果表示

（1）标准曲线的建立

使用 LC-MS 配套的数据分析软件，获得标准系列溶液中硝基酚类化合物、内标物的定量子离子产生的响应值（通常为提取离子色谱峰的峰面积）。以目标化合物的浓度（μg/L）为横坐标，以目标化合物与内标物的响应值的比值乘以内标物浓度为纵坐标，建立标准曲线。

（2）环境水样中硝基酚类化合物的定性分析

选择 1 个母离子和 2 个子离子对目标化合物进行监测。在相同的检测条件下，试样中目标化合物的保留时间与标准样品中该化合物的保留时间的相对偏差应在 ±2.5% 以内；将试样中目标化合物定性子离子的相对丰度 K_{sam}（定性子离子与定量子离子的响应值比值的百分数）与浓度接近的标准溶液中对应定性子离子的相对丰度 K_{std} 进行比较，偏差不应超过表 4-4 规定的范围。满足上述条件后，可判定样品中存在对应的硝基酚类化合物。

表 4-4　定性确证时相对离子丰度的最大允许偏差

K_{std}/%	K_{sam} 允许的偏差/%	K_{std}/%	K_{sam} 允许的偏差/%
$K_{std}>50$	±20	$10<K_{std}\leqslant20$	±30
$20<K_{std}\leqslant50$	±25	$K_{std}\leqslant10$	±50

（3）环境水样中硝基酚类化合物的定量分析

环境水样中硝基酚类化合物的质量浓度按照式（4-1）进行计算。当测定结果小于 10.0μg/L 时，保留一位小数；当测定结果大于或等于 10.0μg/L 时，保留三位有效数字。

$$\rho_i=\rho_{1i}\times\frac{1}{D} \qquad (4-1)$$

式中　ρ_i——样品中第 i 种硝基酚类化合物的质量浓度，μg/L；

　　　ρ_{1i}——由标准曲线得到的试样中第 i 种硝基酚类化合物的质量浓度，μg/L；

D——样品浓缩倍数。

4.2.10　注意事项

① 在分析样品前，应当对质谱仪进行校正。

② 部分硝基酚类化合物有同分异构体，检测时须谨慎。

③ 实验结束后，注意对 LC-MS 进行清洗维护。

④ 实验中产生的废物应集中收集并分类保管，做好相应标识，委托有资质的单位进行处置。

4.2.11　思考题

① 基于液相色谱-三重四极杆质谱法对化合物进行定量分析的基本原理是什么？

② 水样净化液的作用是什么？对于清洁样品，是否需要使用水样净化液？

③ 本实验中，对于硝基酚类同分异构体，可基于哪些方面的信息辨别其分子结构？

④ 以液相色谱-三重四极杆质谱法检测某类化合物时，内标物通常需要具备哪些要素？

4.3　气相色谱-质谱法测定环境空气中的多氯联苯

多氯联苯（PCBs）是以联苯为原料，在高温条件下金属催化氯化形成的一类有机化合物。根据氯原子取代位置和数目的不同，PCBs 共有 209 种同族体，并按国际纯粹与应用化学联合会（IUPAC）的命名规则进行编号。PCBs 因其优异的耐酸碱、耐热性和电绝缘性能，20 世纪中期被广泛生产用作阻燃剂、热载体和绝缘油。然而，PCBs 具有高毒性、生物累积性、环境持久性和长距离迁移能力，对生态环境和人类健康构成严重威胁，因此在 20 世纪 70 年代以后陆续停产。2001 年 5 月 22 日，国际社会共同通过了《关于持久性有机污染物的斯德哥尔摩公约》，并将 PCBs 列入公约首批受控物质名单中。环境中 PCBs 的来源可分为有意生产（intentionally produced PCBs，IP-PCBs）和无意生成（unintentionally produced PCBs，UP-PCBs）两类。IP-PCBs 主要来自历史上 PCBs 产品的生产和使用导致的排放，UP-PCBs 则与燃烧和工业热过程密切相关。在全球禁用 PCBs 以后，IP-PCBs 的排放呈下降趋势。然而工业热过程产生的 UP-PCBs 排放量明显上升，许多研究表明 UP-PCBs 排放将会成为近些年环境中 PCBs 污染的主要贡献源。

PCBs 常用的检测分析方法有色谱法、色质联用法、生物分析法，免疫学检测法、光谱法等。GC-MS 因其具有灵敏度高与分离能力强的优点被广泛推广使用，我国建立的多个环境介质中 PCBs 标准分析方法都采用了 GC-MS 法，如 HJ 715、HJ 743、HJ 902 等。为进一步提高 PCBs 的分析检测能力，一些饲料和食品分析标准方法中采用了高分辨气相色谱/高分辨质谱（HRGC/HRMS）和 HRGC-MS/MS 法，如 GB/T 28643 和 GB 5009.205 等。

本实验以环境空气中 PCBs 的测定为例，介绍 GC-MS 的分析方法及其应用，供广大本科生和研究生教学实验参考。

4.3.1　实验目的

① 熟悉 GC-MS 的基本构造、分析条件选择及实验操作技能。

② 掌握 GC-MS 测定 PCBs 的基本原理及实验操作技能。

③ 能够针对测定对象的具体情况，选择合适的样品预处理方法、分析测试条件和质量控制措施，实现对环境空气中PCBs的准确测定。

4.3.2 方法原理

采用大流量空气采样器将环境空气中的气相和颗粒物中的PCBs采集到滤膜和聚氨酯泡沫（PUF）上，用正己烷-二氯甲烷混合溶剂提取，提取液经浓缩、净化后，利用GC-MS进行分析检测，根据保留时间和特征离子丰度比进行定性，同位素内标法定量。

4.3.3 仪器和设备

① 气相色谱-质谱仪：具有分流/不分流进样口、程序升温功能，采用电子轰击电离源（EI$^+$）。

② 色谱柱：低流失石英毛细管色谱柱，30m（长）×0.25mm（内径）×0.25μm（膜厚），固定相为5%苯基、95%二甲基聚硅氧烷，或其他等效的低流失色谱柱。

③ 大流量采样器：满足 HJ 691 要求，具有自动累积采样体积、自动换算标准采样体积的功能，及自动定时、断电再启和自动补偿由于电压波动、阻力变化引起的流量变化的功能。在装有滤膜和吸附材料的情况下，对于大流量采样，其采样器的负载流量应能达到250L/min，工作点流量为225L/min。

④ 加速溶剂萃取仪：可升温至150℃，压力10MPa，配有35mL萃取池。亦可采用其他性能相当的提取装置。

⑤ 玻璃色谱柱：长300mm，内径15～20mm，底部具有聚四氟乙烯活塞的玻璃柱。

⑥ 浓缩仪：旋转蒸发仪、氮吹浓缩仪或其他性能相当的设备。

⑦ 一般实验室常用器皿和设备。

4.3.4 试剂和材料

本实验所用试剂除另有注明外，均为符合国家标准的分析纯试剂；实验用水为新制备的去离子水。

① 正己烷（C$_6$H$_{14}$）：农残级。

② 二氯甲烷（CH$_2$Cl$_2$）：农残级。

③ 丙酮（C$_3$H$_6$O）：农残级。

④ 无水硫酸钠（Na$_2$SO$_4$）：分析纯，使用前在马弗炉中500℃烘烤4h，冷却后，于磨口玻璃瓶中密封保存。

⑤ 浓硫酸（H$_2$SO$_4$）：$\rho=1.84$g/cm^3，优级纯。

⑥ 氢氧化钠（NaOH）：优级纯。

⑦ PUF：用丙酮在超声波池中清洗3次，每次30min；或者用加速溶剂萃取仪在100℃下，用丙酮提取2个循环，每个循环10min。

⑧ 石英纤维滤膜：用铝箔将滤膜包好，并留有开口，放入马弗炉中600℃下加热6h，并注意滤膜不能有折痕。处理好的滤膜用铝箔包好，密封保存。

⑨ 活性硅胶：使用前在550℃下活化12h，于干燥器中密封保存。

⑩ 酸性硅胶：称取60g活性硅胶于烧瓶中，用滴管逐滴加入40g浓硫酸并不断摇动使其混合较均匀，再将烧瓶加塞后固定于摇床上进行振荡直至硅胶呈均匀流动状态，密封保存

于干燥器中。

⑪ 碱性硅胶：称取 100g 活性硅胶于烧瓶中，称取 1.2g 氢氧化钠于烧杯中，并加入 30mL 去离子水，混匀后用滴管逐滴加入硅胶中，再将烧瓶加塞后振荡至硅胶呈均匀流动状态，密封保存于干燥器中。

⑫ PCBs 的同位素标记采样内标（1668CS，加拿大 Wellington Laboratories）：溶液浓度见表 4-5。

表 4-5　PCBs 的同位素标记采样内标标准溶液

内标化合物[①]	IUPAC 编号	浓度/(ng/mL)
^{13}C-3,4,4′,5-TeCB	81L	200
^{13}C-2,3,3′,5,5′-PeCB	111L	1000

① TeCB：四氯联苯；PeCB：五氯联苯。

⑬ PCBs 的同位素标记提取内标（1668LCS，加拿大 Wellington Laboratories）：溶液浓度见表 4-6。分析测试中应稀释后使用，建议浓度 100ng/mL。

表 4-6　PCBs 的同位素标记提取内标标准溶液

内标化合物[①]	IUPAC 编号	浓度/(ng/mL)
^{13}C-3,3′,4,4′-TeCB	77L	1000
^{13}C-2,3,3′,4,4′-PeCB	105L	1000
^{13}C-2,3′,4,4′,5-PeCB	118L	1000
^{13}C-3,3′,4,4′,5-PeCB	126L	1000
^{13}C-2,3,3′,4,4′,5-HxCB	156L	1000
^{13}C-2,3,3′,4,4′,5′-HxCB	157L	1000
^{13}C-2,3′,4,4′,5,5′-HxCB	167L	1000
^{13}C-3,3′,4,4′,5,5′-HxCB	169L	1000
^{13}C-2,2′,3,4,4′,5,5′-HpCB	180L	1000
^{13}C-2,3,3′,4,4′,5,5′-HpCB	189L	1000
^{13}C-DeCB	209L	2000

① HxCB：六氯联苯；HpCB：七氯联苯；DeCB：十氯联苯。

⑭ PCBs 的同位素标记回收率内标（1668IS，加拿大 Wellington Laboratories）：溶液浓度见表 4-7。分析测试中应稀释后使用，建议浓度 100ng/mL。

表 4-7　PCBs 的同位素标记回收率内标标准溶液

内标化合物	IUPAC 编号	浓度/(ng/mL)
^{13}C-2,2′,5,5′-TeCB	52L	1000
^{13}C-2,2′,4,5,5′-PeCB	101L	1000
^{13}C-2,2′,3,4,4′,5′-HxCB	138L	1000
^{13}C-2,2′,3,3′,5,5′,6-HpCB	178L	1000

⑮ PCBs 校正标准溶液：为含有天然和同位素标记的 PCBs 系列校正溶液（EPA-1668CVS 系列，加拿大 Wellington Laboratories），溶液浓度见表 4-8。

表 4-8　PCBs 的校正标准溶液

内标化合物	IUPAC 编号	溶液浓度/(ng/mL)				
		CS1	CS2	CS3	CS4	CS5
3,3',4,4'-TeCB	77	0.5	2.0	10	40	200
2,3,3',4,4'-PeCB	105	2.5	10	50	200	1000
2,3,4,4',5-PeCB	114	2.5	10	50	200	1000
2,3',4,4',5-PeCB	118	2.5	10	50	200	1000
2',3,4,4',5-PeCB	123	2.5	10	50	200	1000
3,3',4,4',5-PeCB	126	2.5	10	50	200	1000
2,3,3',4,4',5-HxCB	156	5.0	20	100	400	2000
2,3,3',4,4',5'-HxCB	157	5.0	20	100	400	2000
2,3',4,4',5,5'-HxCB	167	5.0	20	100	400	2000
3,3',4,4',5,5'-HxCB	169	5.0	20	100	400	2000
2,2'3,3',4,4',5-HpCB	170	5.0	20	100	400	2000
2,2',3,4,4',5,5'-HpCB	180	5.0	20	100	400	2000
2,3,3',4,4',5,5'-HpCB	189	5.0	20	100	400	2000
^{13}C-3,3',4,4'-TeCB	77L	100	100	100	100	100
^{13}C-2,3,3',4,4'-PeCB	105L	100	100	100	100	100
^{13}C-2,3',4,4',5-PeCB	118L	100	100	100	100	100
^{13}C-3,3',4,4',5-PeCB	126L	100	100	100	100	100
^{13}C-2,3,3',4,4',5-HxCB	156L	100	100	100	100	100
^{13}C-2,3,3',4,4',5'-HxCB	157L	100	100	100	100	100
^{13}C-2,3,4,4',5,5'-HxCB	167L	100	100	100	100	100
^{13}C-3,3',4,4',5,5'-HxCB	169L	100	100	100	100	100
^{13}C-2,2',3,4,4',5,5'-HpCB	180L	100	100	100	100	100
^{13}C-2,3,3',4,4',5,5'-HpCB	189L	100	100	100	100	100
^{13}C-DeCB	209L	200	200	200	200	200
^{13}C-3,4,4',5-TeCB	81L	0.5	2.0	10	40	200
^{13}C-2,3,3',5,5'-PeCB	111L	2.5	10	50	200	1000
^{13}C-2,2',5,5'-TeCB	52L	100	100	100	100	100
^{13}C-2,2',4,5,5'-PeCB	101L	100	100	100	100	100
^{13}C-2,2',3,,4,4'-HxCB	138L	100	100	100	100	100
^{13}C-2,2',3,3',5,5',6-HpCB	178L	100	100	100	100	100

4.3.5　质量保证和质量控制

① 用于校准采样器的标准流量计应定期检定。采样器使用前后应进行流量校准，流量的波动应不大于±10％。

② 每批采样至少测定一个现场空白和一个实验室空白，空白值不得大于方法检出限。

③ GC-MS 仪器初始校准前进行仪器性能检查，真空度和校正液的关键离子丰度应满足

仪器使用要求。

④ 采用平均相对响应因子进行校准时，标准系列各点相对响应因子的相对标准偏差≤20%；利用标准曲线的线性进行校准时，相关系数≥0.995。否则，须重新进行校准。

⑤ 采集样品前向 PUF 加入采样标，样品分析的同时测定回收率，采样回收率的控制范围为 50%～150%；样品中加入目标物的同位素标记提取内标，经过提取、净化、浓缩，上机前加入回收率内标，同位素标记内标的回收率应控制在 50%～140%范围内。

⑥ 样品测定期间每 24h 至少测定一次曲线中间点浓度的标准溶液，目标化合物的测定结果与标准值间的相对误差在±20%以内。样品内标、连续校准的内标与曲线中间点的内标比较，保留时间变化不超过 10s，峰面积变化应在－50%～100%以内。

4.3.6 干扰消除

环境空气样品中背景干扰相对较少，对样品进行正常的预处理就能达到检测分析要求。为避免可能存在的检测信号干扰，采样材料预处理和仪器校准与保养维护是有必要的。

4.3.7 样品采集及预处理

4.3.7.1 样品的采集

样品采集可参考 HJ 194 和 HJ 691 要求进行采样点位布设，测定并记录气象参数和采样信息。

现场采样前向 PUF 添加 10μL 同位素标记采样内标，放置 1h 后，将 PUF 装入采样筒中，并依次安装采样筒套筒、滤膜夹，连接采样器。

启动采样装置，设定采样流量 200L/min，并开始连续采样 20h。采样结束后取下滤膜，采样尘面向里对折，取出玻璃采样筒，用铝箔纸包好，放入保存盒中密封保存。在采样结束之前读取流量并记录，或记录累积采样体积。

现场空白采样筒和滤膜同上述步骤添加采样内标，安装在采样头上不进行采样，采样结束后卸下采样筒和滤膜，与保存样品相同的方法进行保存，随样品一起运回实验室。

样品应避光低温保存并尽快送至实验室分析。

4.3.7.2 样品的预处理

（1）样品提取

常用的固体样品中 PCBs 提取方法包括索氏萃取（SE）、微波辅助萃取（MAE）、超声萃取（USE）和加速溶剂萃取（ASE）等。SE 是经典的固-液萃取方法，优点是操作简单，萃取效果稳定，且基质造成的干扰相对较少，但萃取时间较长，溶剂使用量大。基于 SE 原理的自动索氏萃取仪则缩短了萃取时间，从而提高了萃取效率。MAE 和 USE 分别利用微波能量和超声波加快萃取过程，显著提升了萃取效率，但受设备和操作影响较大，对于有机物的萃取效果并不稳定。ASE 利用高温高压来实现溶剂的高效萃取，减少萃取时间的同时降低了溶剂使用量。

本实验采取的提取方法如下：将滤膜和 PUF 一起装进 ASE 的不锈钢萃取池中，并加入同位素标记提取内标 10μL，进行样品提取。样品收集于 250mL 接收瓶中。也可采用其他等效的提取方法。

提取条件如下。

① 提取溶剂：正己烷：二氯甲烷＝1：1（体积比），100mL。

② 压力：10.3MPa（1500psi）。

③ 温度：100℃。

④ 加热时间：7min；静态提取时间：8min；吹扫时间：2min。

⑤ 循环次数：3次。

（2）样品浓缩

将样品提取液转移至浓缩瓶中，采用浓缩仪在50℃以下浓缩，将溶剂置换为正己烷，浓缩至1~2mL，得到样品浓缩液。

（3）样品净化

① 玻璃色谱柱填充：依次装入1g活性硅胶、4g碱性硅胶、1g活性硅胶、8g酸性硅胶、2g活性硅胶和2cm无水硫酸钠。干法装柱，轻敲色谱柱，使其填充均匀。

② 用80mL正己烷预淋洗色谱柱。当液面降至无水硫酸钠层上方约2mm时，关闭柱阀，弃去淋洗液，柱下放置鸡心瓶准备接收。检查色谱柱，如果出现沟流现象应重新装柱。

③ 将样品浓缩液加入柱中，打开柱阀。用约3mL正己烷对样品瓶分别清洗3次，清洗液一并加入柱中。

④ 用100mL正己烷对色谱柱进行洗脱，控制流速2.5mL/min左右，洗脱液全部收集。

⑤ 将收集的洗脱液浓缩至1~2mL。

⑥ 进一步转移到K-D浓缩器中并在氮吹浓缩仪上浓缩至0.2~0.3mL，最后转移至带有衬管的进样小瓶中，氮吹至约20μL，再加入10μL PCBs同位素标记回收率内标，准备GC-MS上机分析检测。

4.3.8 分析步骤

4.3.8.1 仪器条件参考设置

（1）GC参考条件

进样口温度：270℃；进样方式：无分流模式；传输线温度：270℃。

柱温：初始温度为50℃保持1min，以25℃/min的速度升到180℃保持2min，然后以5℃/min的速度升到280℃并保持5min。

载气：高纯氦气（>99.999%），流速为1.0mL/min。

（2）MS参考条件

电离模式：电子轰击（EI$^+$）；电子能量：70eV；源温：250℃；扫描模式：选择离子模式（SIM）；电子倍增器电压：与调谐电压一致。

质谱采集化合物质量碎片类型见表4-9。

表4-9 质谱采集化合物质量碎片

内标化合物	IUPAC编号	类别	定量离子	辅助离子
3,3',4,4'-TeCB	77	目标化合物	292	290
2,3,3',4,4'-PeCB	105	目标化合物	326	324
2,3,4,4',5-PeCB	114	目标化合物	326	324
2,3',4,4',5-PeCB	118	目标化合物	326	324
2',3,4,4',5-PeCB	123	目标化合物	326	324
3,3',4,4',5-PeCB	126	目标化合物	326	324

内标化合物	IUPAC 编号	类别	定量离子	辅助离子
$2,3,3',4,4',5$-HxCB	156	目标化合物	360	358
$2,3,3',4,4',5'$-HxCB	157	目标化合物	360	358
$2,3',4,4',5,5'$-HxCB	167	目标化合物	360	358
$3,3',4,4',5,5'$-HxCB	169	目标化合物	360	358
$2,2',3,3',4,4',5$-HpCB	170	目标化合物	394	392
$2,2',3,4,4',5,5'$-HpCB	180	目标化合物	394	392
$2,3,3',4,4',5,5'$-HpCB	189	目标化合物	394	392
^{13}C-$3,3',4,4'$-TeCB	77L	提取内标	304	302
^{13}C-$2,3,3',4,4'$-PeCB	105L	提取内标	340	338
^{13}C-$2,3',4,4',5$-PeCB	118L	提取内标	340	338
^{13}C-$3,3',4,4',5$-PeCB	126L	提取内标	340	338
^{13}C-$2,3,3',4,4',5$-HxCB	156L	提取内标	374	372
^{13}C-$2,3,3',4,4',5'$-HxCB	157L	提取内标	374	372
^{13}C-$2,3',4,4',5,5'$-HxCB	167L	提取内标	374	372
^{13}C-$3,3',4,4',5,5'$-HxCB	169L	提取内标	374	372
^{13}C-$2,2',3,4,4',5,5'$-HpCB	180L	提取内标	408	406
^{13}C-$2,3,3',4,4',5,5'$-HpCB	189L	提取内标	408	406
^{13}C-DeCB	209L	提取内标	510	508
^{13}C-$3,4,4',5$-TeCB	81L	采样内标	304	302
^{13}C-$2,3,3',5,5'$-PeCB	111L	采样内标	340	338
^{13}C-$2,2',5,5'$-TeCB	52L	回收率内标	304	302
^{13}C-$2,2',4,5,5'$-PeCB	101L	回收率内标	340	338
^{13}C-$2,2',3,4,4',5'$-HxCB	138L	回收率内标	374	372
^{13}C-$2,2',3,3',5,5',6$-HpCB	178L	回收率内标	408	406

4.3.8.2　校准曲线的绘制

直接取用 PCBs 校正标准溶液 CS1-CS6 各 20μL，按仪器参考条件每个浓度点连续三针进行分析测定，于表 4-10 记录目标化合物、内标的定量离子峰面积。

表 4-10　校准曲线系列测定数据记录表

内标化合物	IUPAC 编号	CS1	CS2	CS3	CS4	CS5
$3,3',4,4'$-TeCB	77					
$2,3,3',4,4'$-PeCB	105					
$2,3,4,4',5$-PeCB	114					
$2,3',4,4',5$-PeCB	118					
$2',3,4,4',5$-PeCB	123					
$3,3',4,4',5$-PeCB	126					
$2,3,3',4,4',5$-HxCB	156					

内标化合物	IUPAC 编号	CS1	CS2	CS3	CS4	CS5
$2,3,3',4,4',5'$-HxCB	157					
$2,3',4,4',5,5'$-HxCB	167					
$3,3',4,4',5,5'$-HxCB	169					
$2,2',3,3',4,4',5$-HpCB	170					
$2,2',3,4,4',5,5'$-HpCB	180					
$2,3,3',4,4',5,5'$-HpCB	189					
^{13}C-$3,3',4,4'$-TeCB	77L					
^{13}C-$2,3,3',4,4'$-PeCB	105L					
^{13}C-$2,3',4,4',5$-PeCB	118L					
^{13}C-$3,3',4,4',5$-PeCB	126L					
^{13}C-$2,3,3',4,4',5$-HxCB	156L					
^{13}C-$2,3,3',4,4',5'$-HxCB	157L					
^{13}C-$2,3',4,4',5,5'$-HxCB	167L					
^{13}C-$3,3',4,4',5,5'$-HxCB	169L					
^{13}C-$2,2',3,4,4',5,5'$-HpCB	180L					
^{13}C-$2,3,3',4,4',5,5'$-HpCB	189L					
^{13}C-DeCB	209L					
^{13}C-$2,2',5,5'$-TeCB	52L					
^{13}C-$2,2',4,5,5'$-PeCB	101L					
^{13}C-$2,2',5,5'$-TeCB	52L					
^{13}C-$2,2',4,5,5'$-PeCB	101L					
^{13}C-$2,2',3,4,4',5'$-HxCB	138L					
^{13}C-$2,2',3,3',5,5',6$-HpCB	178L					

与各浓度点待测化合物相对应的提取内标的相对响应因子（RRF_i）由式（4-2）算出，并计算其平均值和相对标准偏差，相对标准偏差应≤20%。

$$RRF_i = \frac{A_i \times \rho_{is}}{A_{is} \times \rho_i} \tag{4-2}$$

式中　A_{is}——标准溶液中提取内标物质的峰面积；

　　　A_i——标准溶液中待测化合物的峰面积；

　　　ρ_{is}——标准溶液中提取内标物质的浓度，ng/mL；

　　　ρ_i——标准溶液中待测化合物的浓度，ng/mL。

平均响应因子（$\overline{RRF}$）按式（4-3）计算：

$$\overline{RRF} = \frac{\sum\limits_{i=1}^{n} RRF_i}{n} \tag{4-3}$$

以目标化合物浓度与内标浓度的比值为横坐标，目标化合物和内标定量离子峰面积比值为纵坐标，用最小二乘法绘制校准曲线。校准曲线的相关系数 r 应大于 0.995。

4.3.8.3　环境空气样品的测定

取得 $\overline{RRF}$ 之后，对处理好的分析样品按下述步骤测定。

① 选择中间浓度的标准溶液，按一定周期或频次（每 12h 或每批样品测定至少一次）测定。浓度变化不应超过±20%，否则应查找原因，查看仪器重新测定或重新制作 $\overline{RRF}$。

② 样品分析的同时完成现场空白、实验室空白等实验结果测定。

测定结果记录于表 4-11。

表 4-11　环境空气样品测定数据记录表

内标化合物	IUPAC 编号	现场空白	实验室空白	样品结果
$3,3',4,4'$-TeCB	77			
$2,3,3',4,4'$-PeCB	105			
$2,3,4,4',5$-PeCB	114			
$2,3',4,4',5$-PeCB	118			
$2',3,4,4',5$-PeCB	123			
$3,3',4,4',5$-PeCB	126			
$2,3,3',4,4',5$-HxCB	156			
$2,3,3',4,4',5'$-HxCB	157			
$2,3',4,4',5,5'$-HxCB	167			
$3,3',4,4',5,5'$-HxCB	169			
$2,2',3,3',4,4',5$-HpCB	170			
$2,2',3,4,4',5,5'$-HpCB	180			
$2,3,3',4,4',5,5'$-HpCB	189			
^{13}C-$3,3',4,4'$-TeCB	77L			
^{13}C-$2,3,3',4,4'$-PeCB	105L			
^{13}C-$2,3',4,4',5$-PeCB	118L			
^{13}C-$3,3',4,4',5$-PeCB	126L			
^{13}C-$2,3,3',4,4',5$-HxCB	156L			
^{13}C-$2,3,3',4,4',5'$-HxCB	157L			
^{13}C-$2,3',4,4',5,5'$-HxCB	167L			
^{13}C-$3,3',4,4',5,5'$-HxCB	169L			
^{13}C-$2,2',3,4,4',5,5'$-HpCB	180L			
^{13}C-$2,3,3',4,4',5,5'$-HpCB	189L			
^{13}C-DeCB	209L			
^{13}C-$2,2',5,5'$-TeCB	52L			
^{13}C-$2,2',4,5,5'$-PeCB	101L			
^{13}C-$2,2',5,5'$-TeCB	52L			
^{13}C-$2,2',4,5,5'$-PeCB	101L			
^{13}C-$2,2',3,4,4',5'$-HxCB	138L			
^{13}C-$2,2',3,3',5,5',6$-HpCB	178L			

4.3.9 数据处理与结果表示

（1）样品中 PCBs 浓度计算

根据定量离子的峰面积，采用内标法定性定量。

环境空气中 PCBs 的浓度 ρ 按式（4-4）计算：

$$\rho = \frac{A \times Q_{is}}{A_{is} \times \overline{RRF} \times V_{sd}} \tag{4-4}$$

式中　ρ——样品中待测化合物的浓度，ng/m^3（0℃，101.325kPa）；

　　　　A_{is}——提取内标物质的峰面积；

　　　　A——待测化合物的峰面积；

　　　　Q_{is}——提取内标的添加量，ng；

　　　　$\overline{RRF}$——待测化合物相对提取内标的平均响应因子；

　　　　V_{sd}——气体样品采集量（标准状况），m^3。

（2）加标回收率的计算

根据提取内标峰面积与回收率内标峰面积的比值以及对应的相对响应因子（RRF_{rs}）均值，按照式（4-5）计算提取内标的回收率。

$$R = \frac{A_{is} \times Q_{rs}}{A_{rs} \times \overline{RRF_{rs}} \times Q_{is}} \times 100\% \tag{4-5}$$

式中　R——提取内标回收率，%；

　　　　A_{is}——提取内标物质的峰面积；

　　　　A_{rs}——回收率内标物质的峰面积；

　　　　Q_{is}——提取内标的添加量，ng；

　　　　Q_{rs}——回收率内标的添加量，ng；

　　　　$\overline{RRF_{rs}}$——提取内标相对回收率内标的平均响应因子。

（3）结果表示

当环境空气中 PCBs 浓度大于等于 $1.00ng/m^3$ 时，结果保留三位有效数字；小于 $1.00ng/m^3$ 时，结果保留至小数点后两位。

4.3.10 实验废物处置

实验过程产生的废液和废弃物应分类存放，集中保管，并委托有资质的单位进行处置。

4.3.11 思考题

① 内标法的含义是什么？从哪些方面提升内标法的准确定量？

② 环境空气样品中污染物的准确定量受哪些因素影响较大？如何降低这些影响？

③ 如何计算环境空气的采样回收率？

④ 其他环境介质中污染物的定量分析与环境空气有何区别？

4.4 电感耦合等离子体质谱法测定土壤中的重金属元素

在经济社会快速发展的同时，大量重金属通过大气沉降、河流输入、生活污水与工业废水排放等途径进入环境。重金属因其毒性高、持久性强、可在食物链中富集等特点，对生态环境及人类健康造成了严重威胁。随着人们环保意识的不断增强，针对环境重金属的监测方式也不断增多，如原子吸收光谱法（AAS）、原子发射光谱法（AES）、原子荧光光谱法（AFS）和电感耦合等离子体发射光谱法（ICP-OES）等已广泛应用于水体、土壤、大气、生物等环境样品中重金属的检测。近年来，电感耦合等离子体质谱法（ICP-MS）的发展速度不断加快，已成为一种检测环境重金属的重要方法。相较于传统检测方法，该方法具有检测限低、灵敏度高、操作过程简便、分析样品速度快、线性范围宽、可同时测定多种元素、样品用量少等优势。我国已于 2016 年颁布了电感耦合等离子体质谱法（ICP-MS 法）测定土壤、沉积物中铜（Cu）、镉（Cd）、铅（Pb）、锌（Zn）等重金属元素的国家标准分析方法（HJ 803）。电感耦合等离子体质谱法在土壤等环境介质中的重金属含量测定领域的广泛应用，将为重金属污染状况调查及污染防治提供技术支撑。

4.4.1　实验目的

① 熟悉电感耦合等离子体质谱仪的基本构造、分析条件选择及操作技能。

② 掌握电感耦合等离子体质谱法测定土壤中 Cu、Cd、Pb、Zn 的基本原理及操作技能。

③ 能够针对测定对象的具体情况，选择合适的预处理方法、分析测试条件和质量控制措施，实现对土壤中 Cu、Cd、Pb、Zn 的准确测定。

4.4.2　方法原理

土壤样品经消解后，采用电感耦合等离子体质谱法进行检测，根据元素的质谱图或特征离子进行定性、定量。样品由载气带入雾化系统进行雾化后，目标元素以气溶胶形式进入等离子体的轴向通道，在高温和惰性气体中被充分蒸发、解离、原子化和电离，转化成带正电荷离子，经离子采集系统进入质谱仪，质谱仪根据离子的质荷比进行分离并定性、定量分析。在一定浓度范围内，离子的质荷比所对应的信号响应值与其浓度成正比。

4.4.3　仪器和设备

① 电感耦合等离子体质谱仪。

② 微波消解仪。

③ 石墨消解仪。

④ 分析天平。

⑤ 超纯水仪。

⑥ 一般实验室常用器皿和设备。

4.4.4　试剂和材料

除非另有说明，分析时均使用符合国家标准的优级纯试剂。实验用水为不含待测金属的超纯水。

① 硝酸（HNO_3）：$\rho = 1.42\text{g/mL}$。

② 氢氟酸（HF）：$\rho = 1.16\text{g/mL}$。

③ 高氯酸（$HClO_4$）：$\rho = 1.67\text{g/mL}$。

④ 盐酸（HCl）：$\rho = 1.19\text{g/mL}$。

⑤ 硝酸溶液（2%）：硝酸（$\rho=1.42g/mL$）和超纯水以 2：98 的体积混合。

⑥ 多元素标准贮备液：$\rho=1000mg/L$。

购买市售有证，含 Cu、Cd、Pb、Zn 的标准溶液。

⑦ 多元素标准使用液：$\rho=1.00mg/L$。

用硝酸溶液（2%）稀释多元素标准贮备液配制成浓度为 1.00mg/L 的多元素标准使用液。4℃以下冷藏可保存一年。

⑧ 内标标准贮备液：$\rho=10.0mg/L$。

宜选用 ^{72}Ge、^{103}Rh、^{115}In 和 ^{185}Re 等为内标元素。4℃以下冷藏可保存两年。可配制亦可购买市售标准溶液。

⑨ 内标标准使用液：用硝酸溶液（2%）稀释内标标准贮备液配制成适当浓度的内标标准使用液，使内标标准使用液与样品溶液混合后的内标元素浓度为 $10\sim100\mu g/L$。4℃以下冷藏可保存一年。

⑩ 调谐溶液：宜选用含有 Li、Be、Mg、Co、Y、In、Ba、Ce、Tl、Pb、Bi 和 U 等元素的溶液作为质谱仪的调谐溶液。调谐溶液中元素浓度为 $1.0\sim10.0\mu g/L$。4℃以下冷藏可保存六个月。可配制亦可购买市售标准溶液。

⑪ 氩气：纯度≥99.999%。

4.4.5　质量保证和质量控制

① 每批样品至少分析两个空白样品（不称取样品，按照与样品制备相同的步骤进行空白样品的制备，保证空白样品和样品的加酸量一致），各元素测定结果均应低于检测下限。

② 每次分析应建立标准曲线，相关系数应≥0.999。

③ 每 20 个样品或每批次（少于 20 个样品/批）应分析一个平行样，平行样品测定结果的相对偏差应在±25%以内。

④ 每 20 个样品或每批次（少于 20 个样品/批）应同时测定一个有证标准物质，其测定结果与标准值的相对误差应在±25%以内。

⑤ 每次分析样品时，内标响应回收率应为 70%～130%，否则说明仪器发生漂移或有干扰产生，应查明原因后重新分析。

⑥ 连续分析测试时，每 20 个样品或每批次（少于 20 个样品/批）样品分析结束后，进行一次标准系列中间浓度点核查，中间浓度点测定值与标准值的相对误差应控制在±10%以内。

4.4.6　干扰消除

（1）质谱型干扰

质谱型干扰主要包括多原子离子干扰、同量异位素干扰、氧化物干扰和双电荷干扰等。多原子离子干扰是电感耦合等离子体质谱仪最主要的干扰来源，可利用干扰校正方程、仪器条件优化以及碰撞反应池技术等加以解决。同量异位素干扰可以使用其他质量数、干扰校正方程或在分析前对样品使用化学分离等方法进行消除。氧化物干扰和双电荷干扰可通过调节仪器参数降低影响。Ag、As、Cd、Cr 和 V 等元素的质谱型干扰，宜采用碰撞或反应模式等降低或消除。

（2）非质谱型干扰

非质谱型干扰主要包括基体抑制干扰、空间电荷效应干扰和物理效应干扰等。非质谱型干扰程度与样品基体性质有关，可通过内标法、优化仪器条件或标准加入法等降低干扰。

4.4.7 样品采集、保存与制备

（1）样品采集和保存

按照 HJ/T 166 的相关规定，依据"随机""等量"原则采集表层或"剖面"土壤样品，并按照 GB/T 32722 的相关规定将土壤样品密封于聚乙烯塑料袋中，低温保存。

（2）样品的制备

除去样品中的异物（枝棒、叶片、石子等）后，其中一份土壤样品用于测定水分含量；按照 HJ/T 166 将另一份土壤样品置于风干室中风干，过 100 目尼龙筛后用于重金属含量测定。

4.4.8 样品预处理

常用的土壤样品消解预处理方法包括湿法消解、高压消解、微波消解。其中，湿法消解一般使用烧杯、坩埚搭配加热板，或者带孔加热板搭配消解管，具有设备简单、操作容易的优点，但存在易沾污、污染环境、对某些难溶样品存在局限性等缺点。高压消解利用罐体内强酸或强碱且高温高压密闭的环境来达到快速消解难溶物质的目的，具有安全、前期投入少、样品及试剂用量少、准确度高的优点，但存在样品处理周期稍长、不可控温控压等缺点。微波消解利用微波加热对固态样品进行溶解或分解，将其中的目标物质转化为溶液状态，从而方便后续元素分析或成分检测，具有安全、可以控温控压、小批量效率高、样品及试剂用量少、智能化程度高的优点，但存在对操作人员要求高的缺点。

不同于水中重金属的预处理方法（硝酸＋盐酸微波消解、浓缩、定容待测），由于土壤样品中含有大量有机质和硅酸盐矿物，消解过程中需加入氢氟酸分解硅酸盐矿物，加入高氯酸去除有机质。本实验采用微波消解法对土壤样品进行预处理，具体操作过程如下。

称取 $0.1\sim0.5g$（精确至 $0.1mg$）土壤样品于微波消解罐中，沿内壁滴加少量超纯水润湿样品，加入 9mL 硝酸（$\rho=1.42g/mL$）和 3mL 盐酸，充分混匀、反应平稳后，加盖拧紧，将消解罐装入微波消解仪中。参照表 4-12 的升温程序进行微波消解，消解结束后冷却至室温。从微波消解仪中取出消解罐，在通风橱中缓缓泄压放气，打开消解罐。在消解罐中加入 2mL 氢氟酸，将消解罐置于石墨消解仪上，120～140℃加热至内容物呈不流动的黏稠状态。为达到良好的飞硅效果，加热时应经常摇动消解罐。取出消解罐，冷却至室温，加入 1mL 高氯酸，160～180℃继续加热至白烟几乎冒尽，内容物呈黏稠状态。取下坩埚、稍冷，滴加少量硝酸溶液（2%）冲洗消解罐内壁，温热溶解内容物，冷却至室温后，转移至 50mL 容量瓶中，用少量硝酸溶液（2%）反复多次洗涤消解罐内壁，洗涤液一并转入容量瓶中，用硝酸溶液（2%）定容至标线，摇匀，保存于聚乙烯瓶中，待测。

表 4-12 微波消解参考升温程序

步骤	升温时间/min	消解温度/℃	保持时间/min
1	7	室温～120	3
2	5	120～160	3
3	5	160～180	25

4.4.9 分析步骤

4.4.9.1 水分的测定

土壤中重金属含量的描述通常分为干重量法和湿重量法两种。前者需要将土壤样品经风干后前处理测定，后者则直接前处理测定。两种方法最终的含量大小取决于土壤的含水量，并能通过含水量实现转换。目前土壤水分测定的常用方法为重量法，具体操作步骤如下。

将具盖容器和盖子于（105±5）℃下烘干 1h，稍冷，盖好盖子，然后置于干燥器中至少冷却 45min，测定带盖容器的质量 m_0，精确至 0.01g。用样品勺将 30～40g 新鲜土壤样品转移至已称重的具盖容器中，盖上容器盖，测定总质量 m_1，精确至 0.01g。取下容器盖，将容器和新鲜土壤样品一并放入烘箱中，在（105±5）℃下烘干至恒重，同时烘干容器盖。盖上容器盖，置于干燥器中至少冷却 45min，取出后立即测定带盖容器和烘干土壤的总质量 m_2，精确至 0.01g。以烘干前后的土样质量差值计算水分的含量，用质量分数表示。

4.4.9.2 土壤样品中重金属含量的测定

（1）仪器参考条件

不同型号仪器的最佳工作条件不同，应按照仪器使用说明书设定标准模式、反应模式或碰撞模式。仪器操作参考条件见表 4-13。

表 4-13　仪器操作参考条件

功率/W	采样锥和截取锥材质	载气流速/(L/min)	冷却气流速/(L/min)	检测方式
1550	Pt 或 Ni	0.96	15	跳峰，自动测定三次

（2）仪器调谐

点燃等离子体后，仪器预热稳定 30min。用调谐溶液对仪器性能进行优化，使仪器的灵敏度、氧化物、双电荷、质量轴和分辨率满足要求，且质谱仪给出的调谐溶液中所含元素信号强度的相对标准偏差应≤5%。

（3）标准曲线的建立

分别移取一定体积的多元素标准使用液于同一组容量瓶中，用硝酸溶液（2%）定容、混匀，配制成系列标准溶液，其参考浓度为 0μg/L、1μg/L、2μg/L、5μg/L、10μg/L、20μg/L，标准曲线的浓度范围可根据实际需要进行合理调整。内标标准使用液可以直接加入系列标准溶液中，也可以在样品雾化之前通过蠕动泵在线加入。标准系列中内标元素浓度应保持一致。按照浓度由低到高的顺序依次测定标准系列，以各目标元素的质量浓度为横坐标，以经内标校正后的对应元素信号响应值为纵坐标，建立标准曲线的线性回归方程。

（4）样品测定

样品测定前，用硝酸溶液（2%）冲洗系统直到信号降至最低，待分析信号稳定后才可开始测定。在样品中加入与标准曲线相同量的内标标准使用液。按照与建立标准曲线相同的仪器分析条件和操作步骤进行样品的测定。若样品中待测重金属浓度超出标准曲线范围，用硝酸溶液（2%）适当稀释后重新测定。将测定结果记录于表 4-14 中。

（5）空白样品

按照与样品测定相同的仪器条件进行空白样品的测定。

表 4-14　测定结果记录表（平行测定三份）

水分的测定		土壤样品重金属含量的测定数据				
		元素	Cu	Cd	Pb	Zn
m_0/g		m/g				
m_1/g		$\rho_i/(\mu\text{g/L})$				
m_2/g		$\rho_{0i}/(\mu\text{g/L})$				
$w_{\text{H}_2\text{O}}/\%$		V/mL				
—	—	稀释倍数(f)				
—	—	$w_i/(\text{mg/kg})$				

4.4.10　数据处理与结果表示

（1）土壤样品中水分含量 $w_{\text{H}_2\text{O}}$ 按照式（4-6）计算：

$$w_{\text{H}_2\text{O}} = \frac{(m_1 - m_2)}{(m_2 - m_0)} \times 100\% \tag{4-6}$$

式中　$w_{\text{H}_2\text{O}}$——土壤样品中的水分含量，%；

　　　m_0——带盖容器的质量，g；

　　　m_1——带盖容器及新鲜土壤样品的总质量，g；

　　　m_2——带盖容器及烘干土壤的总质量，g。

测定结果精确至 0.1%。

（2）土壤样品中重金属含量 w_i（mg/kg）按照式（4-7）计算：

$$w_i = \frac{(\rho_i \times f - \rho_{0i})V}{m \times 1000} \tag{4-7}$$

式中　w_i——土壤样品中待测重金属的含量，mg/kg；

　　　ρ_i——由标准曲线计算所得样品中待测重金属的质量浓度，μg/L；

　　　ρ_{0i}——空白样品中待测重金属的质量浓度，μg/L；

　　　V——消解后样品的定容体积，mL；

　　　f——样品的稀释倍数；

　　　m——称取土壤样品的质量，g。

4.4.11　实验废物处置

实验过程中产生的废物应集中收集，分类保存，做好相应标识，危险废物应委托有资质的单位集中处置。

4.4.12　注意事项

① 如果测定高浓度样品，应用硝酸溶液（2%）稀释后测定，或选用其他合适仪器。

② 定容后的样品应尽快分析，如果留样保存，应转移至硬质聚丙烯或聚四氟乙烯材质容器。

③ 每次测样品后应用硝酸溶液（2%）清洗锥体和系统。

④ 如果发现样品中含有内标元素，需要更换内标或适当提高内标元素浓度。

⑤ Cd 等元素受氧化物干扰严重，仪器调谐时宜通过增加碰撞气流量等方式降低氧化物产率。

⑥ 所有元素的标准贮备液和使用液配制后均应在密封的聚乙烯或聚丙烯瓶中保存。

4.4.13 思考题

① 含水分和经风干的土壤样品重金属含量测定值是否存在差异？

② 样品经微波消解后为何要浓缩、定容？

4.5 电感耦合等离子体发射光谱法测定 $PM_{2.5}$ 中的金属元素

空气颗粒物是指悬浮于空气中的固体或液体颗粒与气体载体共同组成的大气飘尘，可分为 TSP、PM_{10}、$PM_{2.5}$。空气颗粒物多由常量和痕量元素组成。不同环境、不同时间、不同粒径的大气颗粒物组成成分差异较大。大气颗粒物可长期悬浮于空气中，PM_{10} 可进入人体呼吸道，而 $PM_{2.5}$ 可进入人体肺部，对生态环境和人体健康产生巨大的危害。空气颗粒物中的金属元素可采用电感耦合等离子体发射光谱法（ICP-OES，HJ 777）、电感耦合等离子体质谱法（ICP-MS，HJ 657）、波长色散 X 射线荧光光谱法（HJ 830）、能量色散 X 射线荧光光谱法（HJ 829）等方法测定。波长色散 X 射线荧光光谱法和能量色散 X 射线荧光光谱法可直接对颗粒物滤膜进行分析，可实现多元素同时定量分析，且无须进行样品预处理，但分析的灵敏度较 ICP-MS 及 ICP-OES 低。ICP-MS 及 ICP-OES 方法的灵敏度高、检测限低，可实现多元素同时定量分析，但仪器昂贵，分析成本较高，且样品需进行预处理。

ICP-OES 由于其等离子体的高温及其等离子体焰炬的结构，有利于将试样蒸发-原子/离子化，可分析环境样品绝大多数元素，具有很高的激发效率，因而具有很好的分析性能，可实现对大多数元素的同时测定。ICP 光源自吸现象小，线性动态范围宽达 5～6 个数量级，有可接受的分析精度和准确度，不改变操作条件即可进行主、次、痕量元素的同时或快速顺序测定，同时测定试样中高、中、低含量组分及痕量组分。本实验采用 ICP-OES 法测定环境空气细颗粒物（$PM_{2.5}$）中铜、锌、铅、钾、钠、钙、镁等金属元素（HJ 777）。

4.5.1 实验目的

① 熟悉电感耦合等离子体光谱仪的基本构造、分析测试条件选择及实验操作技能。

② 掌握电感耦合等离子体光谱仪测定空气颗粒物的基本原理及实验操作技能。

③ 能够针对测定对象的具体情况，选择合适的预处理方法、分析测试条件和质量控制措施，实现对空气颗粒物中金属元素的准确测定。

4.5.2 方法原理

将采集到的 $PM_{2.5}$ 滤膜样品经微波消解或电热板消解，消解后的试样进入等离子体火炬中被汽化、电离、激发并辐射出特征谱线。在一定浓度范围内，其特征谱线强度与元素浓度成正比，从而实现用电感耦合等离子体发射光谱法测定各金属元素含量的目的。

4.5.3 仪器和设备

① 颗粒物采样器：使用的环境空气颗粒物采样器（含切割器）性能和技术指标应符合

HJ/T 374 和 HJ 93 的规定。

    ② 电感耦合等离子体光谱仪。

    ③ 微波消解仪或电热板。

    ④ 一般实验室常用器皿和设备。

4.5.4　试剂和材料

    本实验所用试剂除另有注明外，均为符合国家标准的优级纯试剂；实验用水为新制备的去离子水。

    ① 硝酸：$\rho(HNO_3)=1.42g/mL$。

    ② 盐酸：$\rho(HCl)=1.19g/mL$。

    ③ 过氧化氢：$w(H_2O_2)=30\%$。

    ④ 氢氟酸：$\rho(HF)=1.16g/mL$。

    ⑤ 硝酸-盐酸混合消解液：于约 500mL 水中加入 55.5mL 硝酸及 167.5mL 盐酸，用水稀释并定容至 1L。

    ⑥ 硝酸溶液（1+99）：标准系列空白溶液，于 400mL 水中加入 10.0mL 硝酸，用水稀释并定容至 1L。

    ⑦ 硝酸溶液（2+98）：系统洗涤溶液，于 400mL 水中加入 20.0mL 硝酸，用水稀释并定容至 1L。主要用于冲洗仪器系统中的残留物。

    ⑧ 标准溶液：市售有证标准溶液。多元素标准贮备液 $\rho=100mg/L$，单元素标准贮备液 $\rho=1000mg/L$。

    ⑨ 特氟龙滤膜或聚丙烯等有机滤膜（直径 47mm）：采样前，经抽查滤膜空白值低于组分测试方法检出限后方可使用。对粒径大于 $0.3\mu m$ 的颗粒物的阻留效率不低于 99%。

    ⑩ 氩气：纯度不低于 99.9%。

4.5.5　质量保证和质量控制

4.5.5.1　空白样品

    每批样品应至少分析两个空白试样。空白试样包括试剂空白和滤膜空白。试剂空白中目标元素测定值应小于检测下限，包括消解全过程的滤膜空白试样中目标元素的测定值应小于等于排放标准限值的 1/10。如不能满足要求，可考虑适当增加采样量，使颗粒物中目标元素测定值明显高于滤膜空白值。

4.5.5.2　颗粒物采样器的校准和滤膜的要求

    颗粒物采样器定期进行流量校准、气密性检查；切割器定期清洗；滤膜的准备严格按照《环境空气颗粒物（$PM_{2.5}$）手工监测方法（重量法）技术规范》（HJ 656）要求执行。

4.5.5.3　校准曲线

    每批样品测定前均要求建立校准曲线，需根据实际样品中待测元素的浓度调整每个元素所用校准曲线的浓度范围，将标准溶液依次导入发射光谱仪进行测定，以浓度为横坐标，元素响应强度为纵坐标进行线性回归，建立校准曲线，其相关系数应大于 0.999。

4.5.5.4　精密度

    随机选取一个样品进行平行样测定以判断方法的精密度。当测定结果在测定下限到 10

倍检出限以内（包括 10 倍检出限）时，平行样测定结果的相对偏差应≤20％；当测定结果大于 10 倍检出限，平行样测定结果的相对偏差应≤10％。

4.5.5.5　准确度

（1）标准物质对照分析

测定 $PM_{2.5}$ 中金属元素组分时，每批样品测定均包含一个自控样（有证标准物质），要求分析结果在可控范围内。

（2）加标回收实验

测定 $PM_{2.5}$ 中金属元素含量时应同时进行基体加标样品验证。加标浓度应在校准曲线中间浓度，如果加标回收率偏差超过±15％，则停止分析样品，查找原因。加标验证结果满足要求以后，才能继续进行分析。

4.5.6　干扰消除

电感耦合等离子体发射光谱法通常存在两类干扰：光谱干扰和非光谱干扰。

4.5.6.1　光谱和基体干扰的判断

① 选择同一元素的多个波长根据测量结果是否相同来判断是否存在干扰及背景扣除区间是否合适。

② 取校准用单一元素和混合元素标液，分别测定标准溶液中相同浓度某元素同一波长强度。如果有差别，则表示存在基体和光谱干扰。

③ 利用混合标准溶液（或实际样品）目标元素分析波长附近是否存在谱线重叠来检查是否存在光谱干扰。

4.5.6.2　光谱和基体干扰的消除

校正光谱干扰通常采用背景扣除法（根据单元素试验确定扣除背景的位置及方式）或在混合标准溶液中采用基体匹配的方法消除影响。

非光谱干扰主要来自样品自身，包括化学干扰、电离干扰、物理干扰以及去溶剂干扰等，在实际分析过程中各类干扰很难截然分开。可根据样品中干扰元素的浓度确定是否给予补偿和校正。干扰一般由样品的黏滞程度及表面张力变化导致，尤其是当样品中含有大量可溶盐或样品酸度过高，都会对测定产生干扰，消除此类干扰最常见的方法是稀释法及标准加入法。

4.5.7　样品采集、保存

按照 HJ 664 的要求设置空气采样点位并详细记录采样环境条件。采集滤膜样品时，使用中流量采样器，至少采集标准状态下 $10m^3$ 的体积。当金属浓度较低时，可适当增加采样体积。针对无组织排放的大气颗粒物样品，按照 HJ/T 55 中有关要求设置监测点位，其他同环境空气样品采集要求。

滤膜样品采集后将有尘面两次向内对折，放入样品盒或纸袋中保存。保存环境需保持干燥、通风、避光，在室温环境下保存。同时采集平行样和全程序空白滤膜样品。

4.5.8　样品预处理

滤膜中的元素一般采用硝酸-盐酸混合溶液消解体系提取，可采用微波消解或电热板消解方法进行提取。

4.5.8.1　微波消解

取适量滤膜样品（整张，或截取 1/2 张），用陶瓷剪刀剪成小块置于微波消解容器中，加入一定体积的硝酸-盐酸混合消解液，使滤膜碎片浸没其中，加盖并旋紧，置于消解仪转盘架上。设定消解温度为 200℃，消解时间 15min。消解结束后，取出消解罐组件，冷却，以水淋洗微波消解容器内壁，加入约 10mL 水，静置 0.5h 进行浸提。将浸提液过滤到 100mL 容量瓶中，用水定容至 100mL 刻度，待测。当样品中有机物含量高时，可在消解时加入适量的过氧化氢以分解有机物。

4.5.8.2　电热板消解

取适量滤膜样品（整张，或截取 1/2 张），用陶瓷剪刀剪成小块置于微波消解容器中，加入一定体积的硝酸-盐酸混合消解液，使滤膜碎片浸没其中，盖上表面皿，在 100℃±5℃ 加热回流 2h，冷却。以水淋洗烧杯内壁，加入约 10mL 水，静置 0.5h 进行浸提。将浸提液过滤到 100mL 容量瓶中，用水定容至 100mL 刻度，待测。当样品中有机物含量高时，可在消解时加入适量的过氧化氢以分解有机物。

4.5.8.3　其他消解体系

除上述硝酸-盐酸混合溶液消解体系，也可根据实际工作需要选用其他能满足准确度和精确度要求的消解方法和消解体系。如测定颗粒物样品中 Si、Al、Ti、Mn 等常量元素的碱熔法或硝酸-氢氟酸-过氧化氢/高氯酸体系。

4.5.8.4　与测定水中重金属元素的预处理方法比较

因样品介质的差异，水中重金属的前处理主要是酸化处理，在样品前处理的温度和酸度较空气颗粒物中方法均有差异。滤膜中需将吸附在滤膜及颗粒结合态的元素溶出，在消解温度、时间及酸度等方面均较水中重金属元素要更严苛（如水样电热板消解采用 85℃ 回流、微波消解 170℃）。

4.5.9　分析步骤

4.5.9.1　仪器参数

仪器参数可选择优化射频功率、观测模式，辅助气和雾化气流速等参数，以获得对大多数元素都理想的条件。其中，低功率可降低背景值，提高信背比；高功率利于能量传递，多用于复杂基体样品。观测模式包括轴向观测、径向观测和双向观测。轴向观测由于灵敏度高适用于检测低浓度元素，同时由于观测路径较长，容易受到基体效应和干扰的影响；径向观测适合分析复杂基体或高浓度样品，但灵敏度相对较低；双向观测结合了轴向观测和径向观测的优点，可根据具体需求选择观测模式，能够同时满足高灵敏度和低基体效应的要求，同时由于需要切换观测模式，增加了操作的复杂性和维护成本。雾化气和辅助气的流速能够控制样品进入等离子体的量以及样品的流速，从而控制样品在等离子体中的停留时间，低流速使得进入等离子体的样品量减少，而高流速则使进入等离子体的样品量增加但是停留时间更短，需要根据实际测试应用来确定和选择最优的值。点燃等离子体后，按照厂家提供的参数进行设定，并进一步根据样品中待测元素含量调整相关参数以提高测试的灵敏度和准确度。表 4-15 给出了测量时的参考分析条件。

表 4-15　测量时参考分析条件

项目	高频功率	等离子气流量	辅助气流量	载气流量	进样量	观测距离
参数	1.4kW	15.0L/min	0.22L/min	0.55L/min	1.0mL	15mm

4.5.9.2　波长选择

在实验室所用仪器厂家推荐的最佳测量条件下，对每个被测元素选择 2～3 条谱线进行测定，分析比较每条谱线的强度、谱图及干扰情况，在此基础上选择各元素的最佳分析谱线。

4.5.9.3　校准曲线的绘制

基于实际测试需求配制相应的混合标准溶液，依次加入一定体积的多元素标准贮备液并均匀混合，配制 5～8 个浓度水平的标准溶液，用硝酸溶液（1＋99）定容至 50.0mL。需根据实际样品中待测元素的浓度，调整各元素所用校准曲线的浓度范围。

表 4-16 给出了标准溶液浓度参考范围。

表 4-16　标准溶液浓度参考范围

元素	浓度范围/(mg/L)
Co、Cr、Cu、Ni、Pb、As、Ag、Be、Bi、Cd、Sr	0.00～1.00
Ba、Mn、V、Ti、Zn、Sn、Sb	0.00～5.00
Al、Fe、Ca、Mg、Na、K	0.00～10.0

将标准溶液依次导入发射光谱仪进行测定，以浓度为横坐标，元素响应强度为纵坐标进行线性回归，建立校准曲线。校准曲线的系数 r 应大于 0.999。

4.5.9.4　样品的分析测定

分析样品前，用系统洗涤溶液冲洗系统直到空白强度值降至最低，待分析信号稳定后开始分析样品。

取经过预处理的空气颗粒物消解样品置于 10mL 进样管中，样品体积不少于 5mL，由仪器进样系统引入分析测试。样品测量过程中，若样品中待测元素浓度超出校准曲线范围，样品需稀释后重新测定。同时做平行样。测定结果记录在表 4-17。

表 4-17　样品测定数据记录表

序号	元素	曲线拟合方程	相关系数	浓度范围/(mg/L)	空白样品/(mg/L)	样品/(mg/L)
1						
2						
…						

4.5.9.5　样品加标回收实验

对采集的样品同时进行加标回收实验，加标浓度选用校准曲线中间浓度值，加标回收率应控制在 85%～115% 之间。

4.5.9.6　全程序空白试验

取与样品相同批号、相同面积的空白滤膜，按照与样品滤膜前处理制备相同的步骤制备实验室全程序空白试样。

4.5.10　数据处理与结果表示

（1）颗粒物中金属元素浓度的计算

$$\rho = (c - c_0) \times V_s \times \frac{n}{V_{std}} \tag{4-8}$$

式中　ρ——颗粒物中金属元素的浓度，$\mu g/m^3$；

c——试样中金属元素浓度，mg/L；

c_0——空白试样中金属元素浓度，mg/L；

V_s——试样或试样消解后定容体积，mL；

n——滤膜切割的份数；

V_{std}——标准状态下采样体积，m^3。

当测定结果大于等于 $1.00\mu g/m^3$ 时，数据保留三位有效数字。当测定结果小于 $1.00\mu g/m^3$ 时，小数点后有效数字的保留与待测元素方法检出限保持一致。

（2）加标回收率的计算

$$加标回收率 = \frac{加标后样品浓度 - 加标前样品浓度}{加标浓度} \times 100\% \tag{4-9}$$

4.5.11　实验废物处置

实验中产生的废液应集中收集，妥善保管，委托有资质的单位进行处置。

4.5.12　注意事项

① 各种型号仪器的测定条件不尽相同，应根据仪器说明书和样品中待测元素的性质及含量选择合适的测量条件。

② 测试过程中若遇到干扰选择其他波长测试。

③ 砷、镍、铅、镉等金属元素有毒性，实验过程中应做好安全防护工作。

4.5.13　思考题

① ICP-OES 如何实现空气颗粒物中金属元素的测试？测试原理是什么？

② 本实验中的空白样品指的是什么？能否用空白溶液直接作为空白样品？

③ 空气颗粒物样品中不同金属元素含量差异较大，如何确保测试结果的准确性？

第 5 章
电化学分析技术在环境监测中的应用

电化学分析技术是一种利用物质的电化学性质和化学性质之间的关系来测定物质含量的分析方法。它一般通过测量电化学过程中的电流、电势或电荷量等参数来实现对样品中化学物质的定量或定性分析。在实际应用中，电化学检测具备能量消耗小、数据采集容易、检测操作简单、检测结果精度高等优势，能够弥补传统检测方法的不足，避免对环境造成二次污染，具有良好的应用前景。随着环境污染和安全性等问题越来越受到重视，电化学分析技术在环境监测与检测领域的应用与发展受到了广泛关注。环境监测中的电化学分析方法主要有电位分析法、极谱分析法和电导分析法等。

电位分析法是利用电极电位和溶液中待测物离子活度（或浓度）之间的关系，通过测量电极电位来测定物质含量的测定方法。该方法可分为直接电位法和间接电位法，后者也称为电位滴定法。在电位分析法中，指示电极主要分为金属基电极和离子选择电极两大类。极谱分析法是捷克学者海洛夫斯基（J. Heyrovsky）于 1922 年首次提出的。它是利用表面周期性更新的滴汞电极、饱和甘汞电极组成工作电极，通过电解待测物质的稀溶液得到的电流电压曲线来进行测定的一种电化学分析方法。电导分析法则是在外加电场的作用下，电解质溶液中的阴、阳离子以相反的方向定向移动产生导电的现象，以此来测量溶液的导电能力。该方法分为直接电导法和电导滴定法。在传统电化学分析技术的基础上，结合微生物技术，发展出了更为先进的生物电化学技术，包括生物传感器技术、生物芯片技术和生物电化学反应器技术等，这些技术是电化学分析领域中的研究热门和发展方向。

电化学技术在现代环境分析中应用广泛，其中离子选择电极法和玻璃电极法是环境监测标准方法中广泛使用的电化学方法。例如，电极法测定地表水、地下水、生活污水和工业废水中 pH 值（HJ 1147），氟离子选择电极测定环境空气中的氟化物（HJ 955），离子选择电极法测定空气和工业废气中的氨（GB/T 14669），电极法测定土壤电导率（HJ 802），碱熔-离子选择电极法测定固体废物中的氟（HJ 999），玻璃电极法测定固体、半固体的浸出液和高浓度液体的 pH（GB/T 15555.12）。

电化学分析技术在环境监测中的应用与发展提供了一种快速、准确且可靠的分析手段。随着电化学传感器和相关仪器的不断优化和创新，它们的检测精度和响应速度也在不断提升，这不仅满足了快速、准确监控环境污染物的需求，而且通过与其他分析技术的融合，电化学分析技术的应用场景和功能也得到了进一步扩展。

5.1　离子选择电极法测定工业废水中的氟化物

氟化物广泛地存在于自然水体中，与人们的生活息息相关。自然界中的氟化物主要来源于火山爆发、高氟温泉、含氟岩石的风化释放以及化石燃料的燃烧等，此外，还存在于有色冶金、钢铁和铝加工、焦炭生产、玻璃制造、陶瓷制作、电子制造、电镀、化肥生产、农药生产等行业的工业废水中。氟化物是人体必需的微量元素之一，人体各组织中都含有氟，但主要积聚在牙齿和骨骼中。过量的氟对人体健康构成威胁。当水中氟含量为 1.0～1.6mg/L 时，90％以上的人会出现氟斑牙；当水中氟含量超过 3.0mg/L 时，人群中开始出现氟骨症；当氟的摄入量超过 6mg，开始对人体出现毒性作用；长期摄入氟化物 10～25mg 时（连续摄入 7～20 年），可发生致残性氟骨症。此外，氟化物对植物也有一定的毒性，氟化物会造成植物机体代谢紊乱，影响糖类和蛋白质的合成，并阻碍植物的光合作用和呼吸作用，影响植物的生长发育。

水中氟化物的测定方法包括分光光度法（HJ 488—2009）、离子选择电极法（GB 7484—1987）以及离子色谱法（GB 13580.5—1992）等。分光光度法是以生成有色化合物的显色反应为基础的，其关键在于选择适当的显色反应以及控制好适宜的反应条件，是一种比较经典的水中氟化物测定方法。离子色谱法的特点是检出限低、准确度好、灵敏度高、操作方便且分析速度快，但仪器较昂贵。离子选择电极法利用氟化镧单晶片作为敏感膜，通过电位法测量，对溶液中的氟离子具有良好的选择性，且水中有色物质和悬浮物不影响测定。本实验采用离子选择电极法测定废水中的氟化物，该法具有选择性好、操作便捷的特点。

5.1.1　实验目的

① 熟悉氟化物的来源、危害及其测定方法。
② 掌握离子选择电极法测定氟化物的基本原理。
③ 熟悉氟离子选择电极的使用方法及数据处理方法。
④ 能够针对测定对象的具体情况，选择合适的分析测试条件和质量控制措施，实现对工业废水中氟化物的准确测定。

5.1.2　方法原理

离子选择电极法利用氟离子选择电极对氟离子的特异性响应来测定溶液中的氟离子浓度。氟离子选择电极通常由一个氟化镧（LaF_3）晶体制成，该晶体对氟离子具有高度的选择性。当电极浸入含有氟离子的溶液中时，氟离子会与电极表面的氟化镧晶体发生反应，形成一层氟化镧膜，从而改变电极的电位。所以当氟电极与含氟的试液接触时，电池电动势会随溶液中氟离子活度变化而改变。当溶液的总离子强度为定值且足够时，电池电动势和氟离子浓度符合能斯特方程（Nernst 方程），可以进行定量分析，服从下面关系式（待测氟离子浓度 $c_{F^-} < 10^{-2}$ mol/L 时，活度系数为 1，可以用 c_{F^-} 代替其活度 a_{F^-}）：

$$E = E_0 - \frac{2.303RT}{F} \lg c_{F^-} \tag{5-1}$$

式中　E——电池电动势，mV；

　　　E_0——标准电池电动势，mV；

　　　R——气体常数，8.314 J/（mol·K）；

　　　T——温度，K；

　　　F——法拉第常数，96485 C/mol；

　c_{F^-}——氟离子的浓度。

E 与 $\lg c_{F^-}$ 成线性关系，$\frac{2.303RT}{F}$ 为该直线的斜率，亦为电极的斜率。

5.1.3 试剂和材料

本实验所有试剂除另有说明外，均为分析纯试剂，实验用水为去离子水或无氟蒸馏水。

① 盐酸（HCl）：2mol/L。

② 硫酸（H_2SO_4）：$\rho = 1.84g/mL$。

③ 二水柠檬酸钠（$Na_3C_6H_5O_7 \cdot 2H_2O$）。

④ 硝酸钠（$NaNO_3$）。

⑤ 冰乙酸（CH_3COOH）。

⑥ 氯化钠（NaCl）。

⑦ 环己二胺四乙酸（CDTA，$C_{14}H_{22}N_2O_8$）。

⑧ 氢氧化钠（NaOH）：6mol/L。

⑨ 六次甲基四胺 $[(CH_2)_6N_4]$。

⑩ 硝酸钾（KNO_3）。

⑪ 钛铁试剂（$C_6H_4Na_2O_8S_2 \cdot H_2O$）。

⑫ 总离子强度调节缓冲溶液（TISAB 溶液）。

0.2mol/L 柠檬酸钠-1mol/L 硝酸钠（TISAB Ⅰ）：称取 58.8g 二水柠檬酸钠和 85g 硝酸钠，加水溶解，用盐酸调节 pH 至 5~6，转移至 1000mL 容量瓶中，稀释至标线，摇匀。

总离子强度调节缓冲溶液（TISAB Ⅱ）：量取约 500mL 水于 1L 烧杯内，加入 57mL 冰乙酸、58g 氯化钠和 4.0g 环己二胺四乙酸，搅拌溶解。置烧杯于冷水浴中，在不断搅拌下慢慢地加入 6mol/L NaOH（约 125mL）使 pH 达到 5.0~5.5，转移至 1000mL 容量瓶中，稀释至标线，摇匀。

1mol/L 六次甲基四胺-1mol/L 硝酸钾-0.03mol/L 钛铁试剂（TISAB Ⅲ）：称取 142g 六次甲基四胺和 85g 硝酸钾、9.97g 钛铁试剂，加水溶解，调节 pH 至 5~6，转移到 1000mL 容量瓶中，用水稀释至标线，摇匀。

⑬ 氟化钠（NaF）：优级纯，经 110℃烘干 2h，干燥器内冷却。

⑭ 氟化物标准贮备液（100mg/L）：称取 0.2210g 基准氟化钠（预先于 105~110℃干燥 2h，或者于 500~650℃干燥约 40min，干燥器内冷却）置于烧杯中，用去离子水溶解，转移至 1000mL 容量瓶中，稀释至标线，摇匀。贮存在聚乙烯瓶中，此溶液每毫升含氟 100μg。

⑮ 氟化物标准溶液（10mg/L）：用无分度吸管吸取氟化钠标准贮备液 10.00mL，注入 100mL 容量瓶中，稀释至标线，摇匀。此溶液每毫升含氟（F^-）10.0μg。

⑯ 乙酸钠（CH_3COONa）：称取 15g 乙酸钠溶于水，并稀释至 100mL。

⑰ 高氯酸（$HClO_4$）：70%~72%。

5.1.4 仪器和设备

① 氟离子选择电极。

② 饱和甘汞电极或氯化银电极。

③ 离子活度计、毫伏计或 pH 计：精确到 0.1mV。

④ 磁力搅拌器：具备覆盖聚乙烯或者聚四氟乙烯等材料的搅拌棒。

⑤ 聚乙烯杯：100mL、150mL。

5.1.5　质量保证和质量控制

（1）全程序空白试验

以实验用水代替水样的测定过程。

（2）平行样测定

每个小组对水样进行平行测定次数至少 2 次。

（3）一次标准溶液加入法

电位值相差范围过大时，应调整加标量。

5.1.6　干扰消除

某些高价阳离子及氢离子能与氟离子发生配位而产生干扰，所产生的干扰程度取决于配位离子的种类和浓度、氟化物的浓度及溶液的 pH 值等。

（1）阳离子的干扰及消除

Ca^{2+}、Mg^{2+}、Fe^{3+}、Al^{3+} 等金属离子易与氟离子形成配合物，将对结果产生负干扰。加入总离子强度调节缓冲溶液，与干扰离子发生配位，并保持溶液适当的 pH 值，消除其干扰。

Ca^{2+}、Mg^{2+}、Fe^{3+} 的浓度均不超过 50mg/L、Al^{3+} 不超过 2mg/L 时不干扰测定。

（2）氢离子及氢氧根离子的干扰及消除

氢离子会与氟离子形成氢氟酸，影响氟离子的活度。

在碱性溶液中氢氧根离子的浓度大于氟离子浓度的 $\frac{1}{10}$ 时影响测定。因此，测定溶液的适宜 pH 为 5～6。

（3）其他干扰及消除

氟电极对氟硼酸盐离子（BF_4^-）不响应，如果水样含有氟硼酸盐或者污染严重，则应先进行蒸馏。其他一般常见的阴、阳离子均不干扰测定。

5.1.7　分析步骤

5.1.7.1　开机

将氟电极和甘汞电极分别与 pH 计相接，开启仪器开关，预热仪器。

5.1.7.2　氟离子选择电极的清洗

测试前，氟离子选择电极应在去离子水中洗涤至最大空白电位值。

洗涤时，取去离子水 50～60mL 置于 100mL 的聚乙烯烧杯中，放入搅拌磁子，插入氟电极和饱和甘汞电极，调整磁力搅拌器至合适转速，匀速搅拌 2～3min 后，读数如未达到仪器允许的空白电位值，则更换去离子水，继续清洗，直至清洗至要求的空白电位值以上。

5.1.7.3　校准曲线的建立

于 50mL 聚乙烯容量瓶中分别加入氟化物标准使用液（10mg/L）0.5mL、1.0mL、3.0mL、5.0mL、10.0mL、20.0mL。再分别加入 10.00mL TISAB 溶液，用去离子水定容至 50.00mL，摇匀。

标准系列见表 5-1，也可根据实际样品浓度调整标准系列的浓度，但不得少于 6 个点。

表 5-1　氟离子标准系列

标准系列编号	1	2	3	4	5	6
TISAB溶液/mL	10	10	10	10	10	10
氟标准使用液体积/mL	0.50	1.00	3.00	5.00	10.00	20.00
氟离子浓度/(mg/L)	0.10	0.20	0.60	1.00	2.00	4.00
氟离子浓度的对数 $\lg c_{F^-}$	-1	-0.6990	-0.2218	0	0.3010	0.6020
电位值 E/mV						
校准曲线 E 对 $\lg c_{F^-}$ 作图						
校准曲线的相关系数						

依次将标准系列溶液转移至 100mL 的聚乙烯烧杯中，将清洗干净的氟离子选择电极及参比电极（或复合电极）插入待测液中测定。开启磁力搅拌器，搅拌数分钟，搅拌速度要适中、稳定。待读数稳定后，停止搅拌，读取静置稳定的电位响应值，将读数记录于表 5-1 中，同时记录测定时的温度。

以氟离子含量（mg/L）的对数为横坐标，其对应的电位值 E（mV）为纵坐标建立校准曲线。

5.1.7.4　水样的测定

（1）校准曲线法

用无分度吸管吸取适量待测水样，置于 50mL 聚乙烯容量瓶中，用乙酸钠或盐酸溶液调节至中性，加入 10mLTISAB 溶液，用水稀释至标线，摇匀。

按照与校准曲线的建立（5.1.7.3）相同的步骤，测定水样的电位值 E_x。水样测定应与建立校准曲线同时进行，水样测定时与建立校准曲线时温度之差不应超过 $\pm2℃$。在每次测量前，都要用去离子水充分洗涤电极，并用滤纸吸去水分。

水样测定的同时做平行样。平行测定两次，将水样测定的电位值代入校准曲线，由校准曲线上查得氟化物的含量。

（2）一次标准溶液加入法

移取 25.0mL 待测水样（根据待测水样的浓度确定移取的体积）置于 50mL 容量瓶中，加入 10mL TISAB 溶液，用去离子水稀释至刻度，摇匀。

放入搅拌磁子，插入清洗干净的电极，开启磁力搅拌器，搅拌数分钟，读取稳定的电位值 E_1。

向水样中准确加入一定浓度的氟离子标准溶液（相当于待测水样的浓度），不断搅拌，读取平衡电位值 E_2。

计算其差值（$\Delta E = E_1 - E_2$）。E_1 和 E_2 的电位值相差 $30\sim40mV$ 为宜，如果 E_1 和 E_2 的电位值相差不在此范围，相应调整加标量。

5.1.7.5　空白试验

用去离子水代替样品，按 5.1.7.4 的条件和步骤进行空白试验。

5.1.8　数据处理与结果表示

（1）结果表示

氟含量以 mg/L 表示。

（2）采用校准曲线法测定结果的计算

待测水样中氟化物的含量 c_x 按以下公式计算：

$$\lg c_x = \frac{E - E_c}{S} \tag{5-2}$$

式中 c_x——待测水样中氟化物的浓度，mg/L；

       E——水样的电位值，mV；

       E_c——校准曲线的截距，mV；

       S——校准曲线的斜率。

如果测定前对水样进行了稀释，则原水样中氟化物的含量 c：

$$c = c_{x'} \times \frac{V}{V_水} \tag{5-3}$$

式中 $c_{x'}$——根据校准曲线求得氟离子浓度，mg/L；

       $V_水$——移取的待测水样体积，25mL；

       V——定容体积，50mL。

（3）一次标准溶液加入法测定结果的计算

根据水样和加标后水样测得的电位值 E_1 和 E_2，按以下公式计算结果：

$$c_x = \frac{c_s \left(\dfrac{V_s}{V_x + V_s} \right)}{10^{(E_1 - E_2)/S} - \left(\dfrac{V_x}{V_x + V_s} \right)} \tag{5-4}$$

式中 c_x——待测水样中氟化物的浓度，mg/L；

       c_s——加入标准溶液的浓度，mg/L；

       V_x——测定时移取待测水样的体积，mL；

       V_s——加入标准溶液的体积，L；

       E_1——水样测得的电位值，mV；

       E_2——加标后水样测得的电位值，mV；

       S——电极的实测斜率。

5.1.9 质量控制

① 每批次样品分析应建立新的校准曲线，校准曲线的相关系数应≥0.999。

② 温度在 20~25℃之间时，氟离子浓度每改变 10 倍，电极电位变化应满足−58.0mV±2.0mV。

③ 精密度和准确度：含氟 1.0μg/mL、10 倍量的铝（Ⅲ）、200 倍的铁（Ⅲ）及硅（Ⅳ）的合成水样，九次平行测定的相对标准偏差为 0.3%，加标回收率为 99.4%；化工厂、玻璃厂、磷肥厂等的十几种工业废水、二十三个实验的分析，回收率均在 90%~108%之间。

5.1.10 注意事项

① 应注意电极的清洁与维护，符合电极的使用说明要求。

② 离子选择电极法在测定前需用超纯水将搅拌磁子、甘汞电极和氟电极浸泡过夜。

③ 在每次测量之前，都要用蒸馏水充分洗涤电极（清洗到电极的空白电位值），并用滤纸吸去水分。

④ 插入电极前不要搅拌溶液，以免在电极表面附着气泡，影响测定值的准确度；测定过程中应保持相同的搅拌速度，搅拌速度应适中、稳定，不要形成涡流。

⑤ 电极老化、污染、机械损伤均影响电极灵敏度、响应值及电极斜率。油脂和脂肪沉积物是较常见的污染物，电极污染时用无水乙醇或丙酮轻擦电极表面；长时间不用电极时将电极浸没在 10mg/L 氟化钠溶液中能够延长使用寿命。

⑥ 测定时试样顺序最好是从低浓度到高浓度，若测完高浓度再测低浓度时，需将电极用超纯水清洗电极到空白电位。

⑦ 电极的实际斜率：温度在 20～25℃ 之间，氟离子浓度每改变 10 倍，电极电位变化 58mV±2mV。

⑧ 对于经常接触高浓度样品的电极，建议一个月左右更换填充液，同时用填充液清洗电极 2～3 次。

5.1.11　思考题

① 为什么要清洗氟离子电极？清洗要达到什么要求？
② 加入总离子强度调节缓冲溶液的作用是什么？
③ 为什么氟离子选择电极测定氟离子时的适宜 pH 值为 5～6？简述理由。

5.2　电化学探头法测定地表水中的溶解氧

溶解氧（DO）是指溶于水中的分子态氧。水中 DO 主要来源于水生植物的光合作用和水气交换过程。当藻类过度繁殖时，DO 可能出现过饱和现象；当水体受到有机物和还原性无机物污染时，可导致水体 DO 降低。若大气中的 O_2 不能及时补充到水中，水中 DO 逐渐降低，使水中厌氧菌繁殖活跃，水质恶化。常温常压下，较清洁水中 DO 应为 8～10mg/L，当 DO<4mg/L 时，许多水生生物可能因窒息而死亡。因此，水中 DO 是衡量水体污染程度的重要指标之一。

溶解氧是地表水环境监测的必测项目，测定方法有碘量法（GB 7489—1987）、电化学探头法（HJ 506—2009）等。对于清洁地表水，可直接采用碘量法测定；对于污染严重的地表水，应采用修正的碘量法或电化学探头法测定。电化学探头法具有简便快速、抗干扰能力强的特点，能够不受水中色度、悬浮物等的干扰，可实现连续自动监测，因此特别适用于水质的现场测定，广泛应用于地表水和污水的连续自动监测。本实验采用电化学探头法现场测定地表水中的溶解氧。

5.2.1　实验目的

① 了解地表水中溶解氧测定的环境意义和常用方法。
② 掌握电化学探头法测定溶解氧的原理及操作技术，能正确使用电化学探头法测定地表水中的溶解氧。

5.2.2　方法原理

溶解氧电化学探头是一个用选择性薄膜封闭的小室，室内有两个金属电极并充有电解质。该薄膜将内电解液和被测水样隔开，水和可溶性物质的离子几乎不能透过这层膜，但氧和一定数量的其他气体及亲液物质可透过这层薄膜。

将电化学探头浸入水中进行溶解氧的测定时，由于电池作用或外加电压在两个电极间产生电位差，使金属离子在阳极进入溶液，同时氧气通过薄膜扩散在阴极获得电子被还原，产生的电流与穿过薄膜和电解质层的氧的传递速度成正比，即在一定的温度下该电流与水中氧的浓度成正比，因此可以进行定量分析。

5.2.3　仪器和设备

① 溶解氧测量仪：测量探头上宜附有温度补偿装置；仪表可直接显示溶解氧的质量浓度或饱和百分率。

② 磁力搅拌器。

③ 电导率仪：测量范围 $2\sim100mS/cm$。

④ 温度计：最小分度为 $0.5℃$。

⑤ 气压表：最小分度为 $10Pa$。

⑥ 溶解氧瓶。

5.2.4　试剂和材料

除非另有说明，本方法所用试剂均使用符合国家标准的分析纯化学试剂，实验用水为新制备的去离子水。

① 无水亚硫酸钠（Na_2SO_3）或七水合亚硫酸钠（$Na_2SO_3 \cdot 7H_2O$）。

② 二价钴盐，例如六水合氯化钴（Ⅱ）（$CoCl_2 \cdot 6H_2O$）。

③ 零点检查溶液：称取 $0.25g$ 亚硫酸钠和 $0.25mg$ 二价钴盐，溶解于 $250mL$ 蒸馏水中。临用时现配。

④ 氮气：99.9%。

5.2.5　干扰消除

色度、悬浮物等不干扰测定。但水样中含藻类、硫化物、碳酸盐、油类等物质时，可能会使电极的薄膜堵塞或损坏，影响测定结果。

5.2.6　分析步骤

5.2.6.1　仪器校准

（1）零点检查和调整

测量前需要对仪器进行零点检查和调整；更换溶解氧膜罩或内部的填充电解液后，也需要进行零点校准。若仪器具有零点补偿功能，则不必调整零点。

零点调整：将溶解氧探头浸入零点检查溶液中，待反应稳定后读数，将指示值调整到零点。

（2）接近饱和值的校准

在一定的温度下，向蒸馏水中曝气，使水中氧的含量达到饱和或接近饱和，并静置一段时间使溶解氧达到稳定。对照 HJ 506—2009 附表 A.2 查得该条件下的饱和溶解氧浓度。

将探头浸没在瓶内，瓶中完全充满按上述步骤曝气制备的饱和溶解氧水，让探头在搅拌的溶液中稳定 $2\sim3min$ 后，调节仪器读数值至该条件下的饱和溶解氧浓度。

当仪器不能再校准，或仪器响应变得不稳定或较低时，且更换电解质后也不能解决问题时，应及时更换电极或膜。

注：有些溶解氧仪可在水饱和空气中校准，具体方法参考仪器操作说明书。

5.2.6.2 测定

电化学探头法测定地表水中的溶解氧应在现场测定。

（1）测量前对仪器进行核查

用水饱和空气进行饱和溶解氧核查，溶解氧的核查值与饱和溶解氧值相差在±0.5mg/L范围内为合格。

（2）水样测定

将溶解氧探头浸入水样中，不能有空气泡截留在膜上，在水样中停留足够的时间，待探头温度与水温达到平衡，且数字显示稳定时读数。必要时，根据所用仪器的型号及对测量结果的要求，检验水温、气压或含盐量，并对测量结果进行校正。

每隔5min测定一次，测定2~3次。

（3）测量后对仪器进行核查

用水饱和空气进行饱和溶解氧核查，溶解氧的核查值与饱和溶解氧值相差在±0.5mg/L范围内为合格。

电化学探头法现场测量时的注意事项如下。

① 探头的膜接触样品时，样品要保持一定的流速，防止与膜接触的瞬间将该部位样品中的溶解氧耗尽，使读数发生波动。

② 对于流动水体（例如河水）：应检查水样是否有足够的流速（不得小于0.3m/s），若水流速低于0.3m/s，需在水样中往复移动探头，或者取分散样品进行测定。

③ 对于分散样品：容器能密封以隔绝空气并带有磁力搅拌器。将样品充满容器至溢出，密闭后进行测量。调整搅拌速度，使读数达到平衡后保持稳定，并不得夹带空气。

5.2.7 注意事项

① 测量前应对仪器进行校准，具体操作按照仪器使用说明书的规定。

② 探头浸入样品中时，应保证没有空气泡截留在膜片或保护罩上。

③ 新仪器投入使用前、更换电极或电解液以后，应检查仪器的线性，一般每隔2个月进行一次线性检查。

检查方法：通过测定一系列不同浓度蒸馏水样品中溶解氧的浓度来检查仪器的线性。向3~4个250mL完全充满蒸馏水的细口瓶中缓缓通入氮气泡，去除水中氧气，用探头时刻测量剩余的溶解氧含量，直到获得所需溶解氧的近似质量浓度，然后立刻停止通氮气，用碘量法测定水中准确的溶解氧质量浓度。若探头法测定的溶解氧浓度值与碘量法在显著性水平为5%时无显著性差异，则认为探头的响应呈线性。否则，应查找偏离线性的原因。

④ 若膜片和探头上有污染物，会引起测量误差，须定期进行清洗。清洗时应将探头放入清水中涮洗，注意不要损坏膜片。

⑤ 经常使用的探头建议存放在存有蒸馏水或吸水物（吸满蒸馏水）的储存帽中（但探头不应浸入水中），以保持膜片的湿润。干燥的膜片在使用前应该用蒸馏水湿润活化。任何时候都不得用手触摸膜片的活性表面。

⑥ 膜片被损坏、污染或到达更换周期时，需要更换膜片并填充新的电解液。更换膜片和电解液之后，需要对仪器进行校准。

5.2.8 思考题

① 与碘量法相比，电化学探头法测定溶解氧有哪些优点？

② 简述电化学探头法测定溶解氧的原理及其注意事项。

第 6 章
在线自动监测技术在污染源排放管理监测中的应用

生态环境监测是生态环境保护的基础，是生态文明建设的重要支撑。"十四五"时期，我国生态环境质量改善进入了由量变到质变的关键时期，生态环境监测面临着新的挑战，提高生态环境监测现代化水平、提升环境监测新质生产力是环境监测未来的重要发展方向。环境监测的新质生产力以提高环境监测和环境管理效率为导向，以更高标准保证监测数据"真、准、全、快、新"为目标。随着物联网、人工智能、5G 通信、超级计算、大数据等新技术在环境分析领域的应用不断深入，推动现代环境分析测试手段向自动化、信息化、数字化、智能化方向发展，在线自动监测技术也成为当前及未来环境监测的重要发展方向。

提升在线自动监测能力是推进生态环境监测现代化水平提升的重要基础。在线自动监测系统是以在线自动分析仪器为核心，运用现代传感技术、自动监测技术、自动控制技术、计算机应用技术以及相关的专用分析软件和通信网络组成的一个综合性的在线自动监测体系。与传统的手工监测技术相比，在线自动监测技术具有准确、快速、高效、抗干扰能力强、可实时记录环境质量和污染源排放状态等特点，可实现连续监测，从而为环境管理部门提供及时预警信息和决策支持，因而在污染源排放监控、环境质量预警预报监测、污染源溯源监测、生态环境执法监测、应急监测等领域具有重要作用。目前，自动监测技术已经越来越多应用于水质监测（HJ 915、HJ 101、HJ 353、HJ 354、HJ 355、HJ 356、HJ 377）、环境空气质量监测（HJ 818、HJ 1100、HJ 653、HJ 1318、HJ 1327、HJ 1328、HJ 1329）、固定污染源烟气排放连续监测（HJ 75、HJ 76、HJ 1240）、环境噪声监测（HJ 906、HJ 907）等多种环境介质的在线监测过程，有效提升了各级生态环境主管部门的环境监测与管理水平。

本章重点介绍在线自动监测技术在典型污染源在线监测中的应用，包括水中化学需氧量的在线自动监测技术、固定污染源烟气（SO_2、NO_x、颗粒物）排放连续监测技术和碳排放在线自动监测技术。

6.1 水中化学需氧量的在线自动监测技术

化学需氧量（COD）是指在强酸并加热条件下，用重铬酸钾作为氧化剂处理水样时所消耗氧化剂的量，以氧的 mg/L 表示。

COD 是我国实施总量排放控制的重要指标之一，是综合评价水体受还原性物质污染程度的重要水质监测指标。水中还原性物质包括有机物、亚硝酸盐、亚铁盐、硫化物等。水样被有机物污染后，有机污染物在微生物作用下氧化分解，大量消耗水体中的溶解氧，使水质恶化，影响水生生物生长和水体生态平衡。因此，监测水体 COD 的浓度水平对于监控水环境质量和控制污染物排放具有重要意义。COD 在线自动监测技术因其可实现对水环境质量、水污染源排放的实时、连续监测，被广泛应用于企业污染源的在线监测和地表水环境质量的在线监测。

本节重点介绍 COD 在线自动监测系统的基本原理、系统基本组成与功能、在线监测技术及其性能指标等。

6.1.1 方法原理

在试样中加入已知量的重铬酸钾溶液，在硫酸介质中，以银盐为催化剂，采用加热回流 2h 或微波消解 15min 等方式，将试样中的某些有机物和无机还原性物质氧化，采用合适的终点指示方式，测定水样中有机物氧化所消耗的重铬酸钾量，并据此计算相对应的氧的质量浓度。

化学需氧量水质在线自动监测仪的量程范围包含 $15 \sim 2000 \text{mg/L}$ $[\rho(\text{Cl}^-) \leqslant 2000 \text{mg/L}]$，可满足地表水、生活污水和工业废水的监测需求。

根据终点指示方式的不同，在线自动监测仪器的原理可划分为以下类型。

① 氧化还原滴定法。用硫酸亚铁铵滴定未被还原的重铬酸钾，用双铂电极电位法指示滴定终点。将消耗的硫酸亚铁铵的量换算成消耗氧的质量浓度，得到试样的 COD_{Cr} 值。

② 分光光度法。用分光光度计测定未被还原的 $\text{Cr}(\text{VI})$ 或氧化还原反应生成的 $\text{Cr}(\text{III})$ 含量，根据反应所消耗的重铬酸钾的量可换算出消耗氧的质量浓度，得到试样的 COD_{Cr} 值。

③ 电化学法。用恒电流电解产生的 $\text{Fe}(\text{II})$ 还原剂滴定试样中未被还原的重铬酸钾，用双铂电极电位法指示滴定终点。根据电解 $\text{Fe}(\text{II})$ 消耗的电量，计算得到反应消耗的重铬酸钾的量，换算成消耗氧的质量浓度后，得到试样的 COD_{Cr} 值。

④ 其他适用于在线自动测定 COD_{Cr} 的自动分析仪器。

6.1.2 仪器组成

化学需氧量水质在线自动监测仪主要由进样/计量单元、试剂储存单元、消解单元、分析及检测单元、控制单元等部分组成，仪器基本组成单元如图 6-1 所示。

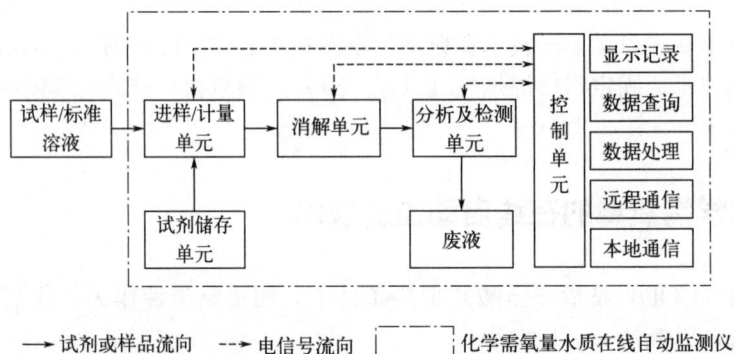

图 6-1 化学需氧量水质在线自动监测仪的基本结构组成图

（1）进样/计量单元

该单元包括试样、标准溶液、试剂（氧化剂、催化剂、掩蔽剂）等导入部分（含试样水样通道和标准溶液通道）及相应的计量器具。

为了准确地将试样或试剂导入计量器具，试样或试剂导入部分备有泵或试样贮槽。

（2）试剂储存单元

该单元是用于存放各种标准溶液、试剂的功能单元，主要由邻苯二甲酸氢钾标准溶液、硫酸-硫酸银溶液、重铬酸钾溶液、硫酸亚铁铵溶液（或硫酸铁溶液）、硫酸汞溶液等溶液的贮存槽组成，贮存槽所用材质应稳定，不受贮存试剂侵蚀，能确保各种标准溶液和试剂的存放安全和质量。

（3）消解单元

该单元采用合适的消解方式（紫外催化、高压、高温等一种或多种结合的消解方式）和强氧化剂，将水样中的有机物和无机还原性物质氧化达到重铬酸盐法（HJ 828）中相同的氧化程度。

（4）分析及检测单元

该单元由反应模块和检测模块组成，包括滴定器、终点指示器（显示记录装置）及信号转换器，通过控制单元完成对待测物质的自动在线分析，并将测定值转换成电信号输出。

滴定器由不受重铬酸钾溶液等氧化剂侵蚀的材质构成，具有稳定、定量加入（或定量电解产生）滴定剂或氧化剂的功能。

显示记录装置具有根据重铬酸钾等消耗量换算成氧的消耗量（mg/L），将 COD 测定值按比例转换成直流电压或电流输出，或将测定值显示或记录下来的功能。

信号转换器具有将与测定值相对应的滴定所需的试剂量（或电解电量）转换成电信号输出的功能，其测定范围应可调。

（5）控制单元

该单元包括系统控制硬件和软件，实现自动进样、消解和排液等操作的部分。具有数据采集、处理、显示存储、安全管理、数据和运行日志查询输出等功能，同时具备输出留样、触发采样等功能，控制单元实现以上功能时均能提供对应的、满足相关技术规范的通信协议。

（6）附属装置

根据需要，自动分析仪器可配置试样自动稀释、自动清洗等附属装置。

6.1.3　试剂

① 实验用水：不含还原性物质的去离子水或超纯水。

② COD_{Cr} 标准贮备液：$\rho = 2000.0 \text{mg/L}$。

称取在 120℃下干燥 2h 并冷却至恒重后的邻苯二甲酸氢钾（$KHC_8H_4O_4$，优级纯）1.7004g，溶于适量水中，移入 1000mL 容量瓶中，稀释至标线。此溶液在 2～5℃下贮存，可稳定保存一个月。

其他低浓度 COD_{Cr} 标准溶液由 COD_{Cr} 标准贮备液经逐级稀释后获得。或采购市售的有证标准溶液。

③ 氯化钠（NaCl）：分析纯。将氯化钠置于瓷坩埚内，在 500～600℃下灼烧 40～50min，在干燥器中冷却备用。

6.1.4 仪器使用环境条件

① 环境温度：5～40℃。

② 相对湿度：65%±20%。

③ 电源电压：交流电压 220V±22V。

④ 电源频率：50Hz±0.5Hz。

⑤ 水样温度：0～50℃。

6.1.5 主要性能指标

6.1.5.1 主要性能测试方法

（1）示值误差

指仪器正常运行期间，分别测定 COD_{Cr} 浓度值约为 40mg/L、100mg/L、160mg/L 的三种标准溶液，每种溶液连续测定 n（$n=6$）次，n（$n=6$）次测定值的平均值相对于标准溶液的质量浓度值的相对误差。按式（6-1）计算各次示值误差 Re。

$$Re = \frac{\bar{x} - \rho}{\rho} \times 100\% \tag{6-1}$$

式中　Re——示值误差；

　　　$\bar{x}$——每个浓度 n 次测量的平均值，mg/L；

　　　ρ——COD_{Cr} 标准溶液的质量浓度值，mg/L。

（2）定量下限

定量下限是指在满足限定示值误差的前提下，自动分析仪能够准确定量测定被测物质的最低浓度。

仪器正常运行期间，连续测定 COD_{Cr} 浓度值约为 15mg/L 的标准溶液 n（$n=7$）次，按照式（6-1）计算 n（$n=7$）次测定值的示值误差 Re，按照式（6-2）计算 n（$n=7$）次测定值的标准偏差 s，按照式（6-3）计算仪器的定量下限 LOQ。

$$s = \sqrt{\frac{1}{n-1} \sum_{i=1}^{n} (x_i - \bar{x})^2} \tag{6-2}$$

$$LOQ = 10 \times s \tag{6-3}$$

式中　s——n 次测定值的标准偏差，mg/L；

　　　n——测量次数；

　　　x_i——第 i 次测定值，mg/L；

　　　$\bar{x}$——标准溶液测量值的平均值，mg/L；

　　LOQ——定量下限，mg/L。

（3）重复性

重复性是指在未对仪器进行计划外的人工维护和校准的前提下，仪器测量同一标准溶液的一致性，用相对标准偏差表示。

仪器正常运行期间，分别测定 COD_{Cr} 浓度值约为 40mg/L、160mg/L 的标准溶液，每种标准溶液连续测定 n（$n=6$）次，按式（6-4）计算每种浓度的 n（$n=6$）次测定值的相对标准偏差 RSD，取两次相对标准偏差最大值作为仪器重复性（S_r）的检测结果。

$$S_r = \frac{\sqrt{\dfrac{1}{n-1}\sum\limits_{i=1}^{n}(x_i-\bar{x})^2}}{\bar{x}} \times 100\% \tag{6-4}$$

式中　RSD——相对标准偏差，两次 RSD 的最大值为重复性（S_r）；

　　　$\bar{x}$——n 次测量平均值，mg/L；

　　　x_i——第 i 次测量值，mg/L；

　　　n——测定次数。

（4）氯离子影响试验

氯离子影响试验是指仪器在测定含有氯离子的标准溶液时，其测定值与测定不含有氯离子的标准溶液的测定值之间的偏差。仪器正常运行期间，采用不含氯离子的 COD_{Cr} 浓度约为 40mg/L、100mg/L 和 160mg/L 的标准溶液，以及含有氯离子的 $[\rho(Cl^-)=2000mg/L]$ COD_{Cr} 浓度约为 40mg/L、100mg/L 和 160mg/L 的标准溶液。在每个浓度水平下，先测定不含氯离子的标准溶液 3 次，以该 3 个数据的平均值为基准值 D_s，再测定含有氯离子的标准溶液 3 次，以该 3 个数据的平均值为 D_i，按照式（6-5）分别计算不同浓度水平下的氯离子影响 ΔD，取其中绝对值最大值作为氯离子影响试验的判定值。

$$\Delta D = \frac{D_i - D_s}{D_s} \times 100\% \tag{6-5}$$

式中　ΔD——氯离子影响，%；

　　　D_i——含有氯离子标准溶液 3 次测定值平均值，mg/L；

　　　D_s——不含氯离子标准溶液测定值，mg/L。

（5）实际水样比对试验

实际水样比对试验是将在线自动监测仪连续测定结果与手工分析监测结果比对。比对试验方法如下。

仪器正常运行期间，选择 5 种不同类型的实际水样，5 种水样的 COD_{Cr} 浓度平均分布在基本检测范围内。采用化学需氧量水质在线自动监测仪连续测量该水样 n（$n\geqslant10$）次，每次测量值记为 X_i；采用手工监测的重铬酸盐标准分析方法测定水样的化学需氧量（HJ 828）或氯气校正法测定高氯废水的化学需氧量（HJ/T 70），对该水样分析 n'（$n'\geqslant3$）次，n' 次测量值的平均值记为 $\bar{B}$。

当 $COD_{Cr}\geqslant50mg/L$ 时，计算每种水样相对误差绝对值的平均值（$\bar{A}$），计算方法见式（6-6）。

$$\bar{A} = \frac{\sum\limits_{i=1}^{n}|X_i-\bar{B}|}{n\bar{B}} \times 100\% \tag{6-6}$$

当水样的 COD_{Cr} 浓度＜50mg/L 时，计算水样绝对误差绝对值的平均值（$\bar{a}$），计算方法见式（6-7）。

$$\bar{a} = \frac{\sum\limits_{i=1}^{n}|X_i-\bar{B}|}{n} \tag{6-7}$$

式中　$\bar{A}$——水样相对误差绝对值的平均值，%；

　　　$\bar{a}$——水样绝对误差绝对值的平均值，mg/L；

101

X_i——化学需氧量水质在线自动监测仪测定水样第 i 次的测量值，mg/L；

$\overline{B}$——手工方法测定水样的平均值，mg/L；

n——化学需氧量水质在线自动监测仪测量水样次数；

i——化学需氧量水质在线自动监测仪第 i 次测量水样。

（6）最小维护周期

最小维护周期是指在检测过程中不对仪器进行任何形式的人工维护（包括更换试剂、校准仪器等），直到仪器不能保持正常测定状态或性能指标不满足相关要求的总运行时间。

在整个仪器检测周期中，任何两次对仪器的维护（包括倾倒废液、添加试剂、更换量程及其他维修维护）间隔应≥168h。

（7）有效数据率

有效数据率是指在整个仪器检测周期内，实际有效数据个数相对于应获得的总数据个数的百分比。

在整个仪器检测周期中，有效的数据为：

① 当仪器在进行 HJ 377 规定的项目检测（不包含环境温度干扰）时，运行测量的显示值满足表 6-1 中各项指标（不包括有效数据率指标）的要求；

② 当仪器在进行 HJ 377 规定的项目检测之外时，仪器应测定某特定浓度标准溶液，测量值应满足示值误差位于±10％范围内的要求。

不满足上述两条或缺失数据为无效值。实际有效数据（不包含环境温度干扰）的数目相对于检测周期内应得到的所有数据（不包含环境温度干扰）的数目的百分比，即为有效数据率，计算方法见式（6-8）。

$$D = \frac{D_e}{D_t} \times 100\% \tag{6-8}$$

式中　D——有效数据率，％；

D_e——有效数据量；

D_t——所有数据量。

6.1.5.2　检测性能指标

在 COD_{Cr} 浓度值为 15～200mg/L 的基本检测范围内，化学需氧量水质在线自动监测仪性能必须满足表 6-1 的要求。

表 6-1　化学需氧量水质在线自动监测仪基本检测范围的性能指标

指标名称	性能指标	
示值误差	20％[①]	±10％
	50％[①]	±8％
	80％[①]	±5％
定量下限	≤15mg/L(示值误差±30％)	
重复性	≤5％	
24h 低浓度漂移	±5mg/L	
24h 高浓度漂移	≤5％	
记忆效应	80％[①]→20％[①]	±5mg/L
	20％[①]→80％[①]	±5mg/L

续表

指标名称	性能指标	
电压影响试验	±5%	
氯离子影响试验	±10%	
环境温度影响试验	±5%	
实际水样比对试验	$COD_{Cr}<50mg/L$	≤5mg/L
	$COD_{Cr}≥50mg/L$	≤10%
最小维护周期	≥168h/次	
有效数据率	≥90%	
一致性	≥90%	

① 测试溶液浓度相对于基本检测范围上限值（200mg/L）的百分比。

在满足表 6-1 的条件下，在 COD_{Cr} 浓度值为 200～2000mg/L 的扩展检测范围内，化学需氧量水质在线自动监测仪性能必须满足表 6-2 的要求。

表 6-2　化学需氧量水质在线自动监测仪扩展检测范围的性能指标

指标名称	性能指标
示值误差	±3%
重复性	≤5%
24h 高浓度漂移	≤3%

6.1.6　实验废液处置

在线自动监测仪器分析测试过程中产生的反应废液应分类收集，并做好相应标识；含汞、银、铬的废液属于危险废液，且具有强腐蚀性，应使用专门的高密度聚乙烯类塑料桶收集、储存，并委托有资质的单位进行集中处置。

6.1.7　注意事项

① 按照仪器制造商提供的操作说明书中规定的校正方法，用 COD_{Cr} 标准溶液对仪器定期进行校正。

② 按照仪器的操作说明书的规定，正确操作仪器，配制和使用试剂，处理常见故障，并进行日常维护。

6.1.8　思考题

① 与手工监测相比，化学需氧量水质在线自动监测技术有哪些优势？

② 水样中共存的氯离子对 COD_{Cr} 测定结果有何影响？应如何消除其影响？

③ 简述开展实际水样比对试验的作用。

6.2　固定污染源烟气（SO₂、NOₓ、颗粒物）排放连续监测技术

烟气排放连续监测系统（CEMS）指的是连续监测固定污染源颗粒物和（或）气态污染

物排放浓度和排放量所需要的全部设备。CEMS 可实现烟气中颗粒物浓度、气态污染物（SO_2、NO_x）浓度、烟气参数（温度、压力、流速或流量、湿度、含氧量等）的连续测量，同时计算烟气中污染物排放速率和排放量，显示和记录各种测量数据和参数，形成相关图表，并通过数据、图文等方式传输至管理部门。

为了适应我国高质量生态环境管理需要，国家生态环境部门制定颁发了《固定污染源烟气（SO_2、NO_x、颗粒物）排放连续监测技术规范》（HJ 75）、《固定污染源烟气（SO_2、NO_x、颗粒物）排放连续监测系统技术要求及检测方法》（HJ 76）等标准规范，对 CEMS 安装、调试、验收、运行管理、质量控制等方面提出了明确的技术规范，推动了 CEMS 技术在烟气污染物排放连续自动监测中的应用发展。我国规定 CEMS 是污染防治设施的组成部分，经验收合格并按规范要求运行的 CEMS 提供的 CEMS 数据可作为排污费征收、总量控制、排污许可申报、环境信息统计、现场环境执法等环境监督管理的依据。近年来，CEMS 被广泛应用于钢铁、石化、电力、有色、化工、垃圾焚烧等重点行业的烟气排放连续在线监测中，为提升环境管理水平和管理效率提供有力保障。

本节重点介绍 CEMS 的基本原理以及 CEMS 的组成、功能和技术性能指标。

6.2.1　方法原理

从烟囱或烟道中连续地采样，颗粒物截留在滤带上，将部分样气送入 CEMS 的分析仪中，用国家或行业发布的标准分析方法中所列方法测定颗粒物、SO_2、NO_x 浓度和含氧量（O_2）。

6.2.2　应用范围

CEMS 适用于以固体、液体为燃料或原料的火电厂锅炉、工业/民用锅炉以及工业炉窑等固定污染源烟气（SO_2、NO_x、颗粒物）排放连续监测，也可用于生活垃圾焚烧炉、危险废物焚烧炉及以气体为燃料或原料的固定污染源烟气（SO_2、NO_x、颗粒物）排放连续监测。

6.2.3　CEMS 的组成

CEMS 由颗粒物监测单元和（或）气态污染物监测单元、烟气参数测量监测单元、数据采集与处理单元组成。CEMS 的组成示意图如图 6-2 所示。

6.2.4　CEMS 的结构与功能

CEMS 结构主要包括样品采集和传输装置、预处理设备、分析仪器、数据采集和传输设备以及其他辅助设备等。

6.2.4.1　样品采集和传输装置

样品采集和传输装置包括采样探头、样品传输管线、流量控制设备和采样泵等部件。样品采集装置的材质选用耐高温、防腐蚀、不吸附气态污染物、不与气态污染物发生反应的材料，不影响待测污染物的正常测量。样品采集装置具备加热、保温和反吹净化功能，具体要求如下。

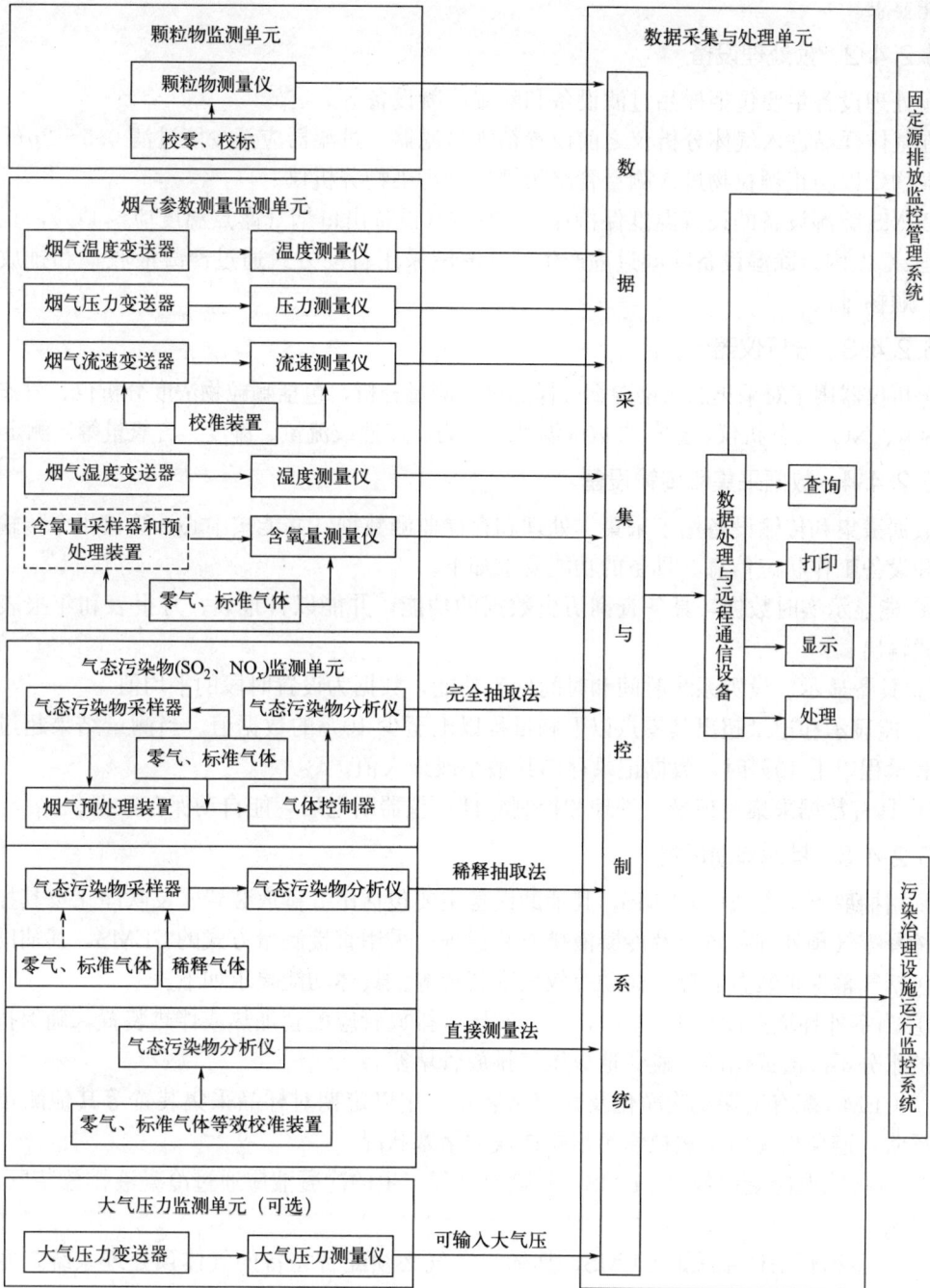

图 6-2　CEMS 的组成示意图

① 样品采集装置应具备加热、保温功能。加热温度一般在 120℃以上，且应高于烟气露点温度 10℃以上。

② 气态污染物样品采集装置应具备颗粒物过滤功能。采样设备的前端或后端连接便于更换或清洗的颗粒物过滤器，过滤器应至少能过滤 5~10μm 粒径的颗粒物。

③ 样品传输管线内包覆的气体传输管至少为两根，一根用于样品气体的采集传输，另一根用于标准气体的全系统校准；CEMS 样品采集和传输装置具备完成 CEMS 全系统校准

的功能要求。

6.2.4.2　预处理设备

预处理设备主要包括样品过滤设备和除湿冷凝设备等。

在气体样品进入气体分析仪之前设置精细过滤器，过滤器应至少能过滤 $0.5\sim2\mu m$ 粒径的颗粒物，以防止颗粒物进入测量管路污染气态污染物分析仪。

CEMS 除湿设备的设置温度保持在 4℃左右（设备出口烟气露点温度应≤4℃），正常波动在±2℃以内。除湿设备除湿过程产生的冷凝液采用自动方式通过冷凝液收集和排放装置及时、顺畅排出。

6.2.4.3　分析仪器

分析仪器用于对采集的污染源烟气样品进行测量分析，包括颗粒物浓度分析仪、气态污染物（SO_2、NO_x）分析仪、烟气参数（温度、压力、流速或流量、湿度、含氧量等）测定仪。

6.2.4.4　数据采集和传输设备

数据采集和传输设备用于采集、处理和存储监测数据，并能按中心计算机指令传输监测数据和设备工作状态信息。具备的功能要求如下。

① 能显示实时数据，具备查询历史数据的功能，并能以日报表、月报表和年报表或报告形式输出。

② 具备显示、设置系统时间和时间标签功能，数据为设置时段的平均值。

③ 能显示和记录超出其零点以下和量程以上至少 10％的数据值。当测量结果超过零点以下和量程以上 10％时，数据记录存储其最小或最大值。

④ 具有数据采集、记录、处理和控制软件；仪器断电后，能自动保存数据。

6.2.4.5　其他辅助设备

采用抽取测量方式的 CEMS，其辅助设备主要包括尾气排放装置、反吹净化及其控制装置、稀释零气预处理装置以及冷凝液排放装置等；采用直接测量方式的 CEMS，其辅助设备主要包括气幕保护装置和标气流动等效校准装置等。具体功能要求如下。

① 当室外环境温度低于 0℃时，CEMS 尾气排放管应配套加热或伴热装置，确保排放尾气中的水分不冷凝或结冰，避免造成尾气排放管堵塞。

② CEMS 配有定期反吹净化及其控制装置，用以定期对样品采集装置等其他测量部件进行反吹，避免出现由于颗粒物等累积造成的堵塞状况。

③ 具备除湿冷凝设备的 CEMS，其除湿过程产生的冷凝液应通过冷凝液排放装置及时、顺畅排出。

④ 具备稀释采样系统的 CEMS，其稀释零气必须配备完备的气体预处理系统，主要包括气体的过滤、除水、除油、除烃以及除二氧化硫和氮氧化物等环节。

6.2.5　采样平台与采样孔

CEMS 的采样平台与采样孔应符合以下要求。

① 采样或监测平台长度应≥2m，宽度应≥2m 或不小于采样枪长度外延 1m，周围设置 1.2m 以上的安全防护栏，有牢固并符合要求的安全措施，便于开展清洁光学镜头、检查和调整光路准直、检测仪器性能、更换部件等日常维护和开展比对监测。

② 采样或监测平台应易于人员和监测仪器到达，当采样平台设置在离地面高度≥2m 的

位置时，应有方便通往平台的梯子，梯子宽度应≥0.9m；当采样平台设置在离地面高度≥20m 的位置时，应有通往平台的升降梯。

③ 当 CEMS 安装在矩形烟道时，若烟道截面的高度＞4m，则不宜在烟道顶层开设参比方法采样孔；若烟道截面的宽度＞4m，则应在烟道两侧开设参比方法采样孔，并设置多层采样平台。

④ 在 CEMS 监测断面下游应预留参比方法采样孔，采样孔位置和数目按照 GB/T 16157 的要求确定。现有污染源参比方法采样孔内径应≥80mm，新建或改建污染源参比方法采样孔内径应≥90mm。在互不影响测量的前提下，参比方法采样孔应尽可能靠近 CEMS 监测断面。当烟道为正压烟道或有毒气时，应采用带闸板阀的密封采样孔。

⑤ 测定点位应优先选择在垂直管段和烟道负压区域，确保所采集样品的代表性。测定位置应避开烟道弯头和断面急剧变化的部位。对于圆形烟道，测定颗粒物和流速时，采样点位应设置在距弯头、阀门、变径管下游方向≥4 倍烟道直径，以及距上述部件上游方向≥2 倍烟道直径处；测定气态污染物时，采样点位应设置在距弯头、阀门、变径管下游方向≥2 倍烟道直径，以及距上述部件上游方向≥0.5 倍烟道直径处。

注意：生态环境部 2024 年 12 月 25 日首次发布了《排污单位污染物排放口监测点位设置　技术规范》（HJ 1405—2024），该标准自 2027 年 1 月 1 日起实施。该标准对固定污染源废气排放口监测点位设置的技术要求有了新的规定，具体技术要求：自动监测断面和手工监测断面设置位置应满足，其按照气流方向的上游距离弯头、阀门、变径管≥4 倍烟道直径，其下游距离上述部件≥2 倍烟道直径。2027 年 1 月开始，固定污染源监测点位设置应按照上述技术要求执行。

⑥ 对于现有排放源，当无法找到满足上述要求的采样位置时，应尽可能选择在气流稳定的断面安装 CEMS 采样或分析探头，并采取相应措施保证监测断面烟气分布相对均匀，断面无紊流。

6.2.6　主要技术性能指标

6.2.6.1　性能指标

（1）示值误差

零气与标气轮流通入 CEMS 测定，重复三次测定三个梯度标准气体结果（高浓度为 80%～100%的满量程值；中浓度为 50%～60%的满量程值；低浓度为 20%～30%的满量程值），计算测定平均值。当 SO_2 标准气体满量程不小于 $100\mu mol/mol$、NO_x 标准气体满量程不小于 $200\mu mol/mol$ 时，测定平均值与标准气体浓度值之差相对于标准气体标称值的百分比为该气体测定的示值误差；当 SO_2 标准气体满量程小于 $100\mu mol/mol$、NO_x 标准气体满量程小于 $200\mu mol/mol$ 时，测定平均值与标准气体浓度值之差相对于仪表满量程的百分比为该气体测定的示值误差。

（2）系统响应时间

从 CEMS 采样探头通入标准气体的时刻起，到分析仪示值达到标准气体标称值 90%的时刻止，中间的时间间隔即为系统响应时间，包括管线传输时间和仪表响应时间。

（3）零点漂移

在仪器未进行维修、保养或调节的前提下，CEMS 按规定的时间运行后通入零气，仪器的读数与零气初始测量值之间的偏差相对于满量程的百分比，称为零点漂移。

（4）量程漂移

在仪器未进行维修、保养或调节的前提下，CEMS 按规定的时间运行后通入量程校准气体，仪器的读数与量程校准气体初始测量值之间的偏差相对于满量程的百分比，称为量程漂移。

（5）相对准确度

采用参比方法与 CEMS 同步测定烟气中气态污染物浓度，取同时间区间且相同状态的测量结果组成若干数据对，数据对之差的平均值的绝对值与置信系数之和与参比方法测定数据的平均值之比。

（6）相关校准

采用参比方法与 CEMS 同步测量烟气中颗粒物浓度，取同时间区间且相同状态的测量结果组成若干数据对，通过建立数据对之间的相关曲线，用参比方法校准颗粒物 CEMS 的过程。

6.2.6.2 主要性能指标技术要求

CEMS 性能指标技术要求见表 6-3。

表 6-3 CEMS 性能指标技术要求

检测项目			技术要求
气态污染物 CEMS	二氧化硫	示值误差	当满量程≥100μmol/mol($286mg/m^3$)时,示值误差不超过±5%(相对于标准气体标称值); 当满量程<100μmol/mol($286mg/m^3$)时,示值误差不超过±2.5%(相对于仪表满量程值)
		系统响应时间	≤200s
		零点漂移、量程漂移	不超过±2.5%
		准确度	排放浓度≥250μmol/mol($715mg/m^3$)时,相对准确度≤15%; 50μmol/mol($143mg/m^3$)≤排放浓度<250μmol/mol($715mg/m^3$)时,绝对误差不超过±20μmol/mol($57mg/m^3$); 20μmol/mol($57mg/m^3$)≤排放浓度<50μmol/mol($143mg/m^3$)时,相对误差不超过±30%; 排放浓度<20μmol/mol($57mg/m^3$)时,绝对误差不超过±6μmol/mol($17mg/m^3$)
	氮氧化物 (以 NO_2 计)	示值误差	当满量程≥200μmol/mol($410mg/m^3$)时,示值误差不超过±5%(相对于标准气体标称值); 当满量程<200μmol/mol($410mg/m^3$)时,示值误差不超过±2.5%(相对于仪表满量程值)
		系统响应时间	≤200s
		零点漂移、量程漂移	不超过±2.5%
		准确度	排放浓度≥250μmol/mol($513mg/m^3$)时,相对准确度≤15%; 50μmol/mol($103mg/m^3$)≤排放浓度<250μmol/mol($513mg/m^3$)时,绝对误差不超过±20μmol/mol($41mg/m^3$); 20μmol/mol($41mg/m^3$)≤排放浓度<50μmol/mol($103mg/m^3$)时,相对误差不超过±30%; 排放浓度<20μmol/mol($41mg/m^3$)时,绝对误差不超过±6μmol/mol($12mg/m^3$)

检测项目			技术要求
O_2	O_2	示值误差	±5%（相对于标准气体标称值）
		系统响应时间	≤200s
		零点漂移、量程漂移	不超过±2.5%
		准确度	>5.0%时，相对准确度≤15%； ≤5.0%时，绝对误差不超过±1.0%
颗粒物 CEMS	颗粒物	零点漂移、量程漂移	不超过±2.0%
		相关系数	当参比方法测定颗粒物平均浓度>50mg/m³ 时，相关系数≥0.85； 当参比方法测定颗粒物平均浓度≤50mg/m³ 时，相关系数≥0.70
流速 CMS[①]	流速	精密度	≤5%
		相关系数	≥9 个数据时，相关系数≥0.90
		准确度	流速>10m/s，相对误差不超过±10%； 流速≤10m/s，相对误差不超过±12%
温度 CMS[①]	温度	绝对误差	不超过±3℃
湿度 CMS[①]	湿度	准确度	烟气湿度>5.0%时，相对误差不超过±25%； 烟气湿度≤5.0%时，绝对误差不超过±1.5%

① CMS：连续监测系统。

6.2.7　注意事项

① CEMS 在完成安装、调试检测并和主管部门联网后，应进行技术验收，包括 CEMS 技术指标验收和联网验收。

② 现场验收时必须采用有证标准物质或标准样品，较低浓度的标准气体可以使用高浓度的标准气体采用等比例稀释方法获得，等比例稀释装置的精密度在1%以内。标准气体要求贮存在铝或不锈钢瓶中，不确定度不超过±2%。

③ 对于光学法颗粒物 CEMS，校准时须对实际测量光路进行全光路校准，确保发射光先经过出射镜片，再经过实际测量光路，到校准镜片后，再经过入射镜片到达接受单元，不得只对激光发射器和接收器进行校准。对于抽取式气态污染物 CEMS，当对全系统进行零点校准和量程校准、示值误差和系统响应时间的检测时，零气和标准气体应通过预设管线输送至采样探头处，经由样品传输管线回到站房，经过全套预处理设施后进入气体分析仪。

④ CEMS 运行过程中应进行定期校准。

a. 具有自动校准功能的颗粒物 CEMS 和气态污染物 CEMS 每 24h 至少自动校准一次仪器零点和量程，同时测试并记录零点漂移和量程漂移。

b. 无自动校准功能的颗粒物 CEMS 每 15d 至少校准一次仪器的零点和量程，同时测试并记录零点漂移和量程漂移。

c. 无自动校准功能的直接测量法气态污染物 CEMS 每 15d 至少校准一次仪器的零点和量程，同时测试并记录零点漂移和量程漂移；无自动校准功能的抽取式气态污染物 CEMS 每 7d 至少校准一次仪器零点和量程，同时测试并记录零点漂移和量程漂移。

d. 抽取式气态污染物 CEMS 每 3 个月至少进行一次全系统的校准，要求零气和标准气体从监测站房发出，经采样探头末端与样品气体通过的路径（应包括采样管路、过滤器、洗涤器、调节器、分析仪表等）一致，进行零点和量程漂移、示值误差和系统响应时间的检测。

e. 具有自动校准功能的流速 CMS 每 24h 至少进行一次零点校准，无自动校准功能的流速 CMS 每 30d 至少进行一次零点校准。

6.3 碳排放在线自动监测技术

实现碳达峰碳中和（简称"双碳"目标），是党中央统筹国内国际两个大局作出的重大战略决策。实现"双碳"目标，开展碳监测评估是一项非常重要的基础工作。2021 年 9 月，生态环境部发布《碳监测评估试点工作方案》（环办监测函〔2021〕435 号），聚焦区域、城市和重点行业三个层面开展碳监测评估试点工作，探索建立碳监测评估的技术方法体系，助力"双碳"目标的实现。碳监测包括对温室气体的常规或临时的数据收集、监测和计算，通过综合观测、数值模拟、统计分析等手段，获取温室气体排放强度、环境中浓度、生态系统碳汇以及对生态系统影响等碳源汇状况及其变化趋势信息，主要监测对象为《京都议定书》和《多哈修正案》中规定控制的人为活动排放的温室气体。根据生态环境部要求，率先选取火电、钢铁、石油天然气开采、煤炭开采、废弃物处理等五类重点行业开展温室气体排放试点监测，探索形成业务化运行模式，总结经验做法，发挥示范效应，为应对气候变化工作成效评估提供数据支撑。

为了实现"双碳"目标，需要对碳排放进行科学、准确、及时的监测和管理。碳排放在线自动监测系统是一种利用先进的分析仪器和数据传输技术对碳排放浓度进行实时连续监测的系统，可为碳排放核算、评估、控制和交易提供准确、及时的数据支撑。

本章以固定污染源废气中一氧化碳（CO）在线自动监测为例，重点介绍 CO 在线自动监测系统的基本原理、系统基本组成、性能指标要求。

6.3.1 方法原理

从烟囱或烟道中连续地采样，利用非分散红外（NDIR）原理方法或国家发布的标准分析方法中所列方法实时检测 CO 浓度，具有检测限低、响应速度快的优点。系统可实现废气中 CO 浓度和温度、压力、流速、湿度、含氧量等废气参数的自动测量，同时计算废气中 CO 排放速率和排放量，显示和记录各种数据和参数，形成相关图表，并通过数据、图文等方式传输在线监测信息。

6.3.2 系统组成

CO 在线自动监测系统主要由样品采集和传输装置、预处理设备、CO 监测和废气参数监测单元、数据采集与传输设备组成。

（1）样品采集和传输装置

样品采集和传输装置包括采样探头、样品传输管线、流量控制设备和采样泵等部件。样品采集装置应具备加热、保温功能；样品采集装置的材质选用耐高温、防腐蚀以及不吸附、不与气态污染物发生反应的材料，不影响待测污染物的正常测量。

（2）预处理设备

预处理设备主要包括样品过滤设备和除湿冷凝设备等。在气体样品进入气体分析仪之前设置精细过滤器和除湿冷凝设备，以防止颗粒物进入测量管路污染气态污染物分析仪，确保干燥气体进入 CO 监测仪。

（3）CO 监测和废气参数监测单元

CO 监测和废气参数监测单元对采集的污染源烟气样品进行测量分析，包括 CO 分析仪、烟气参数（温度、压力、流速或流量、湿度、含氧量等）测定仪。

CO 监测单元具有多量程自动切换功能。

（4）数据采集与传输设备

数据采集与传输设备用于采集、处理和存储监测数据，并能按中心计算机指令传输监测数据和设备工作状态信息，具备数据采集与处理、数据标记、系统操作日志的记录和调阅、数据传输等功能。

6.3.3　主要性能指标

CO 监测单元的技术性能指标应满足表 6-4 要求（HJ 1403—2024，2025 年 7 月 1 日起实施），流速、温度、湿度和氧气等废气参数监测单元的技术性能指标应满足 HJ 76 相关要求。

表 6-4　CO 监测单元技术性能指标要求

检测项目	技术性能指标要求
示值误差	① 量程≥200μmol/mol(250mg/m³)时,示值误差应在±5%以内(相对于标准气体标称值); ② 量程<200μmol/mol(250mg/m³)时,示值误差应在±2.5%以内(相对于仪器满量程值)
系统响应时间	≤200s
零点漂移、量程漂移	应在 F.S. 的±2.5%以内
准确度	① $\bar{x}$<20μmol/mol(25mg/m³)时,绝对误差平均值应在±6μmol/mol(8mg/m³)以内; ② 20μmol/mol(25mg/m³)≤$\bar{x}$<50μmol/mol(63mg/m³)时,相对误差应在±30%以内; ③ 50μmol/mol(63mg/m³)≤$\bar{x}$<250μmol/mol(313mg/mg³)时,绝对误差平均值应在±20μmol/mol(25mg/m³)以内; ④ 250μmol/mol(313mg/m³)≤$\bar{x}$<1000μmol/mol(1250mg/m³)时,绝对误差平均值应在±100μmol/mol(125mg/m³)以内; ⑤ 1000μmol/mol(1250mg/m³)≤$\bar{x}$<3000μmol/mol(3750mg/m³)时,绝对误差平均值应在±300μmol/mol(375mg/m³)以内; ⑥ 3000μmol/mol(3750mg/m³)≤$\bar{x}$<6000μmol/mol(7500mg/m³)时,绝对误差平均值应在±500μmol/mol(625mg/m³)以内; ⑦ $\bar{x}$≥6000μmol/mol(7500mg/m³)时,相对误差的 95%置信上限≤15%

注：1. F.S. 表示所使用量程的满量程；$\bar{x}$ 表示参比方法测量 CO 干基浓度平均值。

2. 示值误差、零点漂移、量程漂移和准确度的计算方法按照 HJ 75 相关要求执行，准确度的判定和区间划分以参比方法的干基测量结果为准。

3. CO 显示浓度单位为 μmol/mol，换算为标准状态下 mg/m³ 的换算系数为：1μmol/mol=28/22.4mg/m³。

6.3.4　注意事项

（1）应在监测站房、封闭式监测平台等有限空间安装 CO 报警装置，CO 报警限值应不

高于 $30mg/m^3$（$24\mu mol/mol$）。

（2）检测人员应携带 CO 报警装置，严禁将火种带入检测现场。

（3）测量过程中采样探头、伴热管线以及分析仪器之前的整个气体管路应确保全程伴热无冷点。

（4）抽取式原理的系统，对全系统进行零点校准、量程校准、示值误差和系统响应时间检测时，要求零气和标准气体应通过校准管线输送至采样探头处，与样气监测的全流路保持一致，经过全套预处理设施后进入气体分析仪，不得直接通入气体分析仪。

6.3.5 思考题

① 简述非分散红外（NDIR）分析仪测定 CO 的原理。

② 为什么 CO 在线监测过程中整个气体管路应确保全程伴热？

6.4 在线自动监测技术在污染源排放管理中的应用案例

6.4.1 化学需氧量在线自动监测仪应用案例

化学需氧量在线分析的市场应用方法和产品众多，本节介绍某商品化小型化学需氧量在线自动监测仪（以下简称"COD 在线自动监测仪"）的应用案例。该 COD 在线自动监测仪参照国家标准《水质 化学需氧量的测定 重铬酸盐法》（HJ 828）、《水质 化学需氧量的测定 快速消解分光光度法》（HJ/T 399）、《化学需氧量（COD_{Cr}）水质在线自动监测仪技术要求及检测方法》（HJ 377），可保证在线监测数据的有效性与准确性。

通过 COD 在线自动监测案例的学习，熟悉 COD 在线自动监测系统的组成、在线监测技术参数、运行维护和数据利用，掌握 COD 在线自动监测技术在水污染源排放管理中的应用。

6.4.1.1 COD 在线自动监测仪特点

某小型 COD 在线自动监测仪具有以下特点。

① 引入参考光路，减小光源光强衰减及环境温度漂移等外部干扰，增强环境适应性，提升仪器稳定性和准确性。

② 抗干扰能力强，双光束设计可有效降低水体色度、浊度等因素对测定的影响。

③ 一体化消解模块设计，有效节省仪器安装空间，可根据实际水样的消解难易程度，适当调节消解反应时间，确保反应充分。

④ 可根据不同行业废水特点，提供相匹配的量程以及试剂配方。

⑤ 具有多种测量模式：连续测量、周期测量、手动测量、远程触发测量。

⑥ 具备量程管理和方案配置功能，可实现在线周期测量等功能，可根据现场测量值实现在线量程切换，扩宽测定范围、增加测定准确性。

⑦ 具备全自动标定、清洗、进样功能。

⑧ 可设置多点校准（多点标定），可实现线性、二次、三次拟合，增加测定的准确性。

⑨ 引入液体检测装置，实时监控取液状态并对状态加以判断，可有效避免因试剂未正常抽取导致的测试故障问题。

⑩ 具备试剂余量自动计算功能，可对试剂余量进行预警，提醒运维人员及时更换试剂，

保证在线监测无盲点；同时具备仪表日志、故障报警等功能。

6.4.1.2　应用场景

COD 在线自动监测仪可用于地表水、生活污水、工业废水的在线监测，适用于微型水质监测站、监测车等应用场景，可实时掌握水环境质量和水污染源排放状况。COD 在线自动监测仪现场安装示意图如图 6-3 所示。

图 6-3　COD 在线自动监测仪现场安装示意图

6.4.1.3　分析原理

COD 在线自动监测仪采用重铬酸钾快速消解-分光光度法对水样中的有机物含量进行定量测定。水样、重铬酸钾氧化剂（简称"铬试剂"）、硫酸银催化剂（简称"银试剂"）通过柱塞泵和多通道切换阀按一定顺序被吸入一段储液单元中，然后通过多通道切换阀的切换和柱塞泵的反向运动，将储液单元中试剂推向反应室，样品和试剂在反应室内 165℃ 下高压密封消解。消解过程中，重铬酸钾氧化剂［橙色 Cr(Ⅵ)］转化为绿色的 Cr(Ⅲ)，其颜色的变化程度与水样中还原性物质的含量成正比，消解结束后在消解池内完成光吸收信号的采集和处理，并把处理结果换算成 COD 值输出。

水样中存在氯离子会干扰测定，汞可以和氯离子发生络合反应掩蔽其干扰。含氯离子质量浓度小于 1200mg/L 的未经稀释的水样，可加入硫酸汞消除其干扰。如果水样的氯离子浓度大于 1200mg/L 时，则需要通过仪器的稀释功能对水样进行稀释之后再测定。

6.4.1.4　仪器组成

（1）主视图和试剂排布图

某小型 COD 在线自动监测仪的主视图如图 6-4 所示。

显示屏主板位于显示屏后面，与仪表前门一体，仪表前门下端设有六边形小孔，有利于仪表通风、机箱降温等，通风处设有防尘网及防尘网盖板，防止外界灰尘进入仪表。一体化消解模块由上下电磁阀、消解罐、风扇、加热丝、温度传感器等部件组成，实现高温高压消解，消解罐前面罩壳为亚克力材质，透明可视，能够实时观察消解情况，同时保护人员安全。机箱下部分为试剂瓶组，试剂瓶分装不同试剂用于测试，试剂排布如图 6-5 所示。

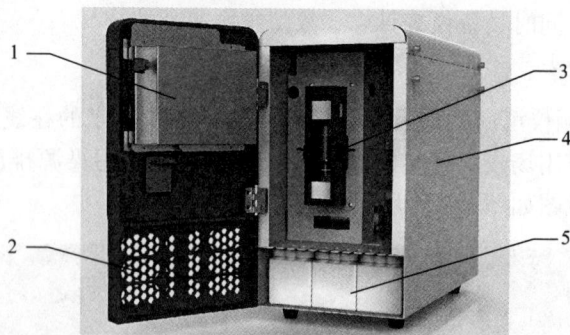

图 6-4　仪器主视图

1—显示屏主板；2—防尘网；3—消解模块；4—机箱外壳；5—试剂瓶组

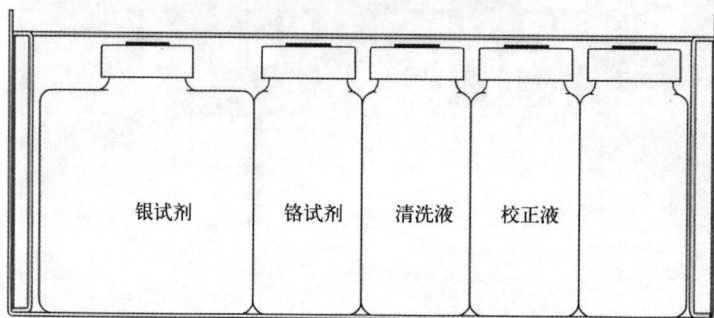

图 6-5　试剂排布图

（2）后视图和右视图

某小型 COD 在线自动监测仪的后视图和右视图分别如图 6-6、图 6-7 所示。

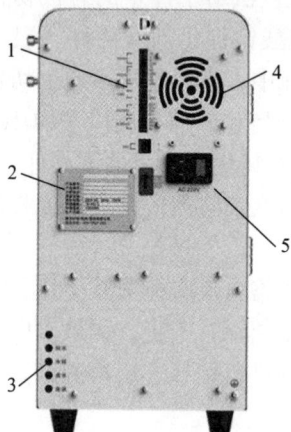

图 6-6　仪器后视图

1—电气对外接口；2—仪表铭牌；3—液路对外接口；
4—机箱风扇出风口；5—电源接口与开关

图 6-7　仪器右视图

1—触摸屏；2—前门；3—指示灯；4—流路面板

　　仪器前门上总共有三个指示灯，每个指示灯均为三色指示灯，分别为绿色、橙色和红色。第一个指示灯表示运行状态，绿色表示离线且当前处于空闲状态，橙色表示在方案中且当前处于空闲状态，红色表示正在运行；第二个指示灯表示加热状态，绿色表示不加热，橙色表示正在降温，红色表示正在加热；第三个指示灯表示报警状态，绿色表示当前无报警信息,橙色表示当前有维护提示报警,红色表示当前有系统故障报警。

流路面板由多通道切换阀、一体式柱塞泵、液体检测器、储液单元等组成。一体式柱塞泵集成三通阀、驱动器等,实现更准确稳定的定量。引入的液体检测装置可实现对各试剂进行检测,防止缺液导致的测量问题,实现更加智能的监测。

(3)测量流路图

某小型 COD 在线自动监测仪采用顺序注射技术,实现经典重铬酸钾氧化法与自动在线技术有机统一。仪器测量流路如图 6-8 所示。

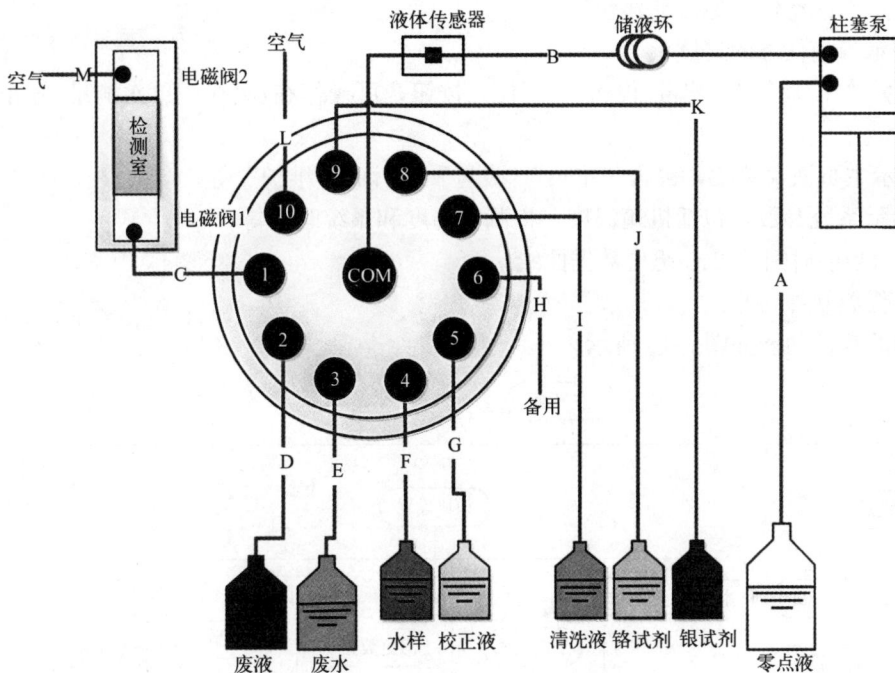

图 6-8　COD 在线自动监测仪测量流路图

注:A~M 指与试剂瓶相对应的连接管代码,1~10 指瓶号

(4)仪器主页界面

某小型 COD 在线自动监测仪的主页界面如图 6-9 所示。

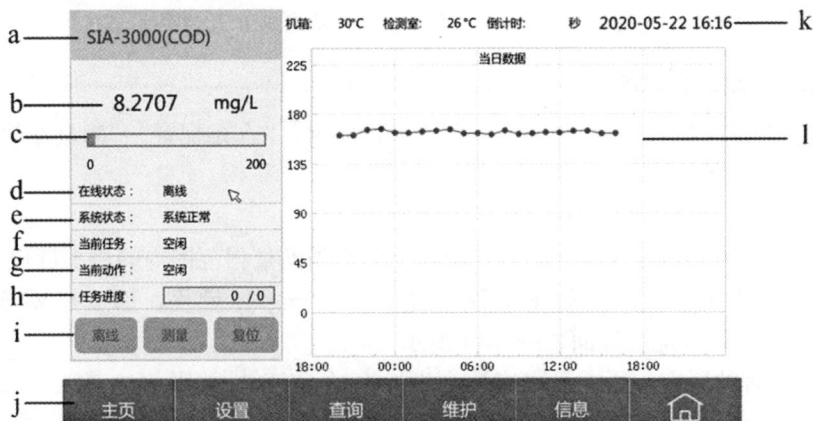

图 6-9　仪器主页测量界面

115

用户登录进入仪器主页测量界面，测量界面中各位置所代表的意义如下：

a. 显示当前系统的测量因子信息；

b. 对应因子测量信息；

c. 浓度进度条，其深色条所占的比例与当前测量值对应总量程的比例一致；

d. 显示当前系统状态，包含离线、在线（连续、周期、受控等模式）；

e. 显示系统当前在线离线状态，若为在线则显示方案信息；

f. 显示当前任务名称（测量、标定、清洗、复位等）；

g. 显示当前动作名称（动作包）；

h. 显示当前任务的进度；

i. 主页"在/离线""测量/停止""复位"按钮，可操作在/离线，单次测量/停止、复位流程。

j. 显示主页面菜单栏，包含"主页""设置""查询""维护"等；

k. 显示系统参数，包括机箱温度、检测室温度和系统时间等；

l. 显示当前时间前 24h 历史数据曲线。

（5）仪器软件功能

仪器的软件功能如图 6-10 所示。

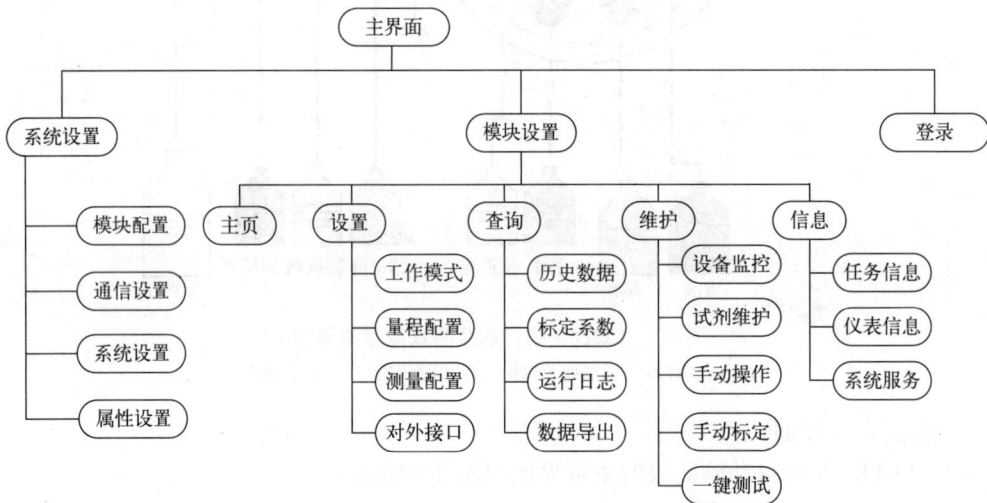

图 6-10　仪器的软件功能

6.4.1.5　性能参数设置

进入仪器"性能参数设置"页面，包含"量程配置""方案配置""测量参数""修正系数""对外接口"等子页面。

（1）量程配置

仪器的量程分为主量程与辅量程，主量程一般为当前量程范围内的最小量程。主量程一般情况下与标液浓度一致，例如主量程选择 0～200mg/L 量程，那么也要选择浓度为 200mg/L 的标液。量程配置界面如图 6-11 所示。

选择测量量程的原则：所选量程应该为当地水样 COD 排放限值的 2～3 倍。量程选择过小会导致高浓度废水测定值偏低；量程选择过大会导致测定低浓度废水时偏高，且影响低浓度测定的精密度。对于排放浓度在《污水综合排放标准》（GB 8978—1996）中规定的一、

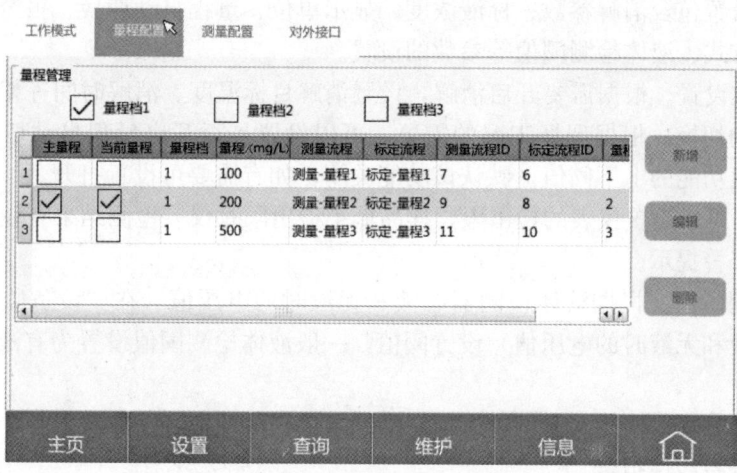

图 6-11　量程配置界面

二、三级排放标准限值内的排污企业，建议采用 $0\sim100\text{mg/L}$ 与 $0\sim500\text{mg/L}$ 量程。实际监测过程中，当出现测定结果超出当前量程或测定结果相对于量程过低时，仪表可实现量程自动切换，以获得更加准确可靠的测定结果。

（2）测量参数设置

测量参数界面如图 6-12 所示。

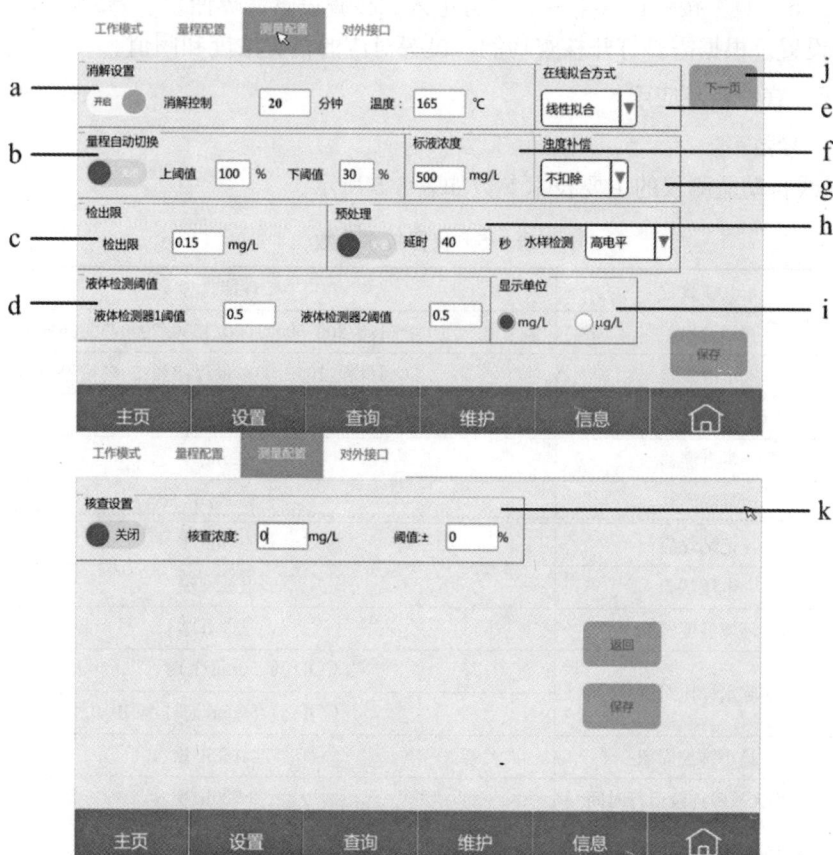

图 6-12　测量参数界面

测量参数设置包含消解参数、标液浓度、显示单位、量程自动切换、报警限值、拟合方式、浊度补偿方式、液体检测阈值等参数的设置。

a. 消解参数设置。根据需要开启消解，设置消解目标温度、消解时间等相关参数。

b. 量程自动切换。根据现场工况的需要，可以设置是否开启量程自动切换功能，及开启量程自动切换功能的上下阈值。默认该功能关闭，如有需要可设置打开。

c. 检出限。可以设置仪表的检出限，样品低于检出限时仪表检测结果有较大的误差，此时仪表会发出报警提示。

d. 液体检测阈值。根据液体检测器有液和无液时的电压值（在"设备监控"界面读取液体检测器有液和无液时的电压值）设置阈值，一般液体检测阈值设置为有液电压和无液电压的中间值。

e. 在线拟合方式。按照需要可以对标定的结果进行线性拟合、二次拟合、三次拟合和四次拟合，一般选择线性拟合。

f. 标液浓度。根据实际标定的标液浓度设置，该标液浓度的设置决定了标定曲线计算准确性，一般情况下标液浓度为主量程的量程值。

g. 浊度补偿。根据现场水样浊度情况选择浊度"扣除/不扣除/自动判断"。

h. 预处理。安装有预处理装置的仪表需要打开，需要设置预处理装置中水样的处理时间。

i. 显示测量浓度单位。根据现指标浓度要求，显示单位可选择为 mg/L 或 μg/L，默认设置为 mg/L。

j. 点击"下一页"按钮进入下一页，可进入"核查设置"界面。

k. 核查设置。根据需要打开核查功能，设置对应的核查浓度和阈值。

6.4.1.6 在线监测应用

（1）技术参数

COD 在线自动监测仪的主要技术参数如表 6-5 所示。

表 6-5 仪器技术参数

序号	参数	性能指标
1	量程	0～100/200/500/1000/1500/2000/5000mg/L
2	示值误差	20%量程:10%;50%量程:8%;80%量程:5%
3	重复性	≤3.0%
4	零点漂移	±5mg/L
5	量程漂移	±5.0% F. S.
6	记忆效应	±5mg/L
7	电压试验	±5.0%
8	环境温度试验	±5.0%
9	实际水样比对试验	当 $COD_{Cr}<50mg/L$ 时,≤5mg/L
		当 $COD_{Cr}\geq50mg/L$ 时,≤10.0%
10	最小维护周期	≥168h/次
11	平均无故障连续运行时间	≥720h/次
12	数据有效率	≥90.0%
13	一致性	≥90.0%

（2）监测量程选择

该型号仪器具备以下量程：0～100mg/L、0～200mg/L、0～500mg/L、0～1000mg/L、0～1500mg/L、0～2000mg/L 和 0～5000mg/L 等多组量程可供选择。可以根据现场实际水样的 COD 浓度范围选择合适的在线测定量程。

（3）监测模式选择

监测模式主要用于选择检测过程中的执行模式以及执行流程的时间、周期、次数等参数的管理。监测模式分为在线模式和离线模式。在线模式是指流程按照一定周期执行，细分为周期模式、连续模式和受控模式。离线模式是指手动执行，主要用于仪器的维护。

测定周期指的是仪器执行测量、标定、清洗等流程的周期，一般以小时为单位，可以设置 1h/次或 nh/次。一般情况下地表水自动监测站设置测量周期为 4h/次，污染源现场设置测量周期为 2h/次。可根据实际水样的情况选择标定周期和清洗流程执行周期。

（4）仪器标定

可采用单点或多点标定。当采用单点标定时，则保存一组标定参数；当采用多点标定时，则保存多组标定参数。在编辑单个标定参数时，由于空白液和标液体积为外部参数，因此需要对标定点的浓度百分比和测量次数进行编辑。浓度百分比可选择 0～100 之间的任何值，两点标定一般选 0% 和 100%，三点标定一般选择 0%、50% 和 100%。

在线自动监测仪在运行过程中应定期自动标定或手动标定，以保证在线监测系统监测结果的可靠性和准确性。在验收、低浓度 COD 水样测试、审核测试前、每次更换试剂、维修、搬运后都必须再次进行标定，切勿使用几天前的标定系数。否则，对低浓度水样，尤其 COD<100mg/L 的水样，COD 测定值有可能出现较大误差。

根据《水污染源在线监测系统（COD_{Cr}、NH_3-N 等）运行技术规范》（HJ 355—2019）的相关规定，自动标样核查周期最长间隔不得超过 24h，校准周期最长间隔不得超过 168h。该型号 COD 在线自动监测仪可以设置每 48h 自动启动一次零点与量程校正。

（5）设备监控

"设备状态"对话框可实时监控多位阀号、柱塞泵位置、机箱温度、检测室温度、主光路和参考光路电压、液体检测器状态。根据监控界面可监控仪表各类参数，例如，通过读取有液和无液情况的液体检测器电压，设置液体检测器的阈值。

（6）试剂维护

根据各试剂的保质期和用量要求，定期更换和添加试剂。更换试剂时，选中试剂名称所在行，点击"换试剂"按钮，试剂余量即变为标称体积量。

注意：更换下来的试剂瓶中还剩下少量试剂，切勿倒入新试剂中混合使用，应将其倒入废液桶中，或由运维人员统一处理。

（7）清洗维护

清洗分为出厂时的管路清洗和仪器运行一段时间后进行的常规清洗。仪器具有定时清理管路的功能，仪器运行一段时间后，黏附在消解罐中的试剂量会增加，若不及时清洗，将会影响测量精度。清洗流程描述见表 6-6。

在待测水样含油或污泥的情况下，运行一段时间后，仪器管路和消解罐内可能会逐渐被污染，导致变黑。常用的解决方案如下。

① 水样进入测量系统前，采用预处理系统将水中的含油类物质和污泥去除，保障仪器的使用寿命和稳定性。

表 6-6　常用清洗方式及流程

序号	清洗方式	清洗流程描述
1	出厂清洗	当仪器在正常待机状态下,运行此流程后,仪器可抽取纯水对所有管路和消解罐进行清洗,清洗完成后,会自动将管路和消解罐中的液体排空
2	常规清洗	当仪器在正常待机状态下,运行此流程后,仪器可抽取清洗液对管路和消解罐进行清洗,清洗完成后,仪器恢复到待机状态

② 消解罐变脏变黑时,可用稀硫酸或稀盐酸清洗消解罐。测量某些污染较严重的水质时,多位阀和消解罐间的导管容易受到沾污,可采用专业配制的清洗液进行清洗。

③ 长时间使用后,管路老化变脏,应定期更换新管路。

6.4.1.7　数据查询与使用

仪器的数据记录查询包含历史数据、报警记录、标定记录等查询,包括数据检索、曲线查看、数据导出等数据使用功能。

（1）历史数据

"历史数据"界面可查询历史测量数据和历史曲线,可根据时间对数据进行筛选查询。历史数据和历史曲线查询界面分别如图 6-13、图 6-14 所示。

图 6-13　历史数据查询界面

（2）标定系数

"标定系数"界面存储并显示历史在线标定和手动标定信息,包括标定的时间、量程和标定系数等内容。选择对应的一次标定记录,点击界面右侧"标定记录"按钮,可查看标定时的滴定和吸光度数据。

（3）运行日志

运行日志的"查询"界面可查询到仪表所有的运行记录,包括报警记录、运行记录、设置记录和操作记录,选择对应的选项框即可查询记录。运行日志查询界面如图 6-15 所示。

"报警"界面显示当前报警和历史报警记录,会记录仪表运行中监测到的故障,包括故障出现的时间、报警类型、报警识别码、报警名称等,便于定位出现故障的原因,点击右侧"详细信息"即可查看所选择的报警信息内容。

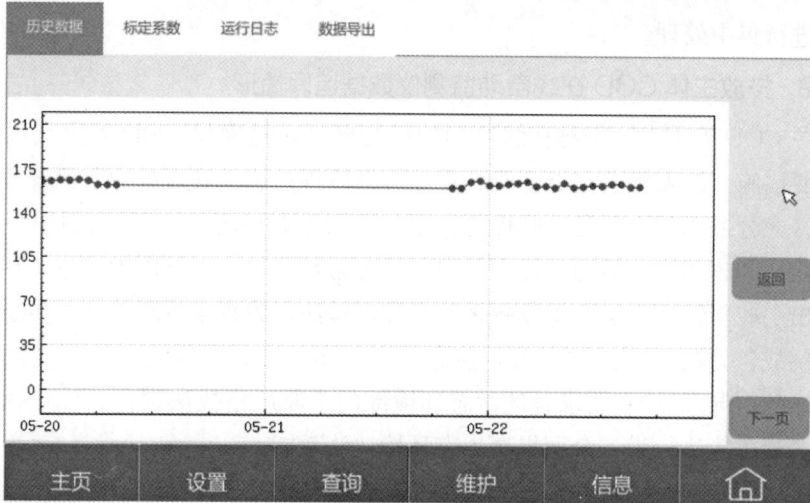

图 6-14　历史曲线查询界面

图 6-15　运行日志查询界面

　　"运行"界面可查询仪表过去的运行情况,包括运行过的所有操作流程动作包,点击右侧"详细信息"即可查看所选择的运行信息内容。

　　"设置"界面中可以查看仪表进行过的设置操作历史,如温度设置、检测器设置等,"描述"一栏中会有设置的具体信息内容。

　　"操作"界面记录仪表运行过程中已经进行过的操作内容,如仪表的测量方式、启动停止、创建在线方案、系统上电和断电等,同时在"角色"一栏中会显示进行该操作的人员。

　　(4) 数据导出

　　仪器可通过 U 盘形式实现数据导出功能。数据导出功能可实现历史数据、报警记录等的分别导出,也可勾选"全选"实现所有数据的导出。

6.4.1.8　废液处理

　　COD 在线自动监测仪产生的废液为强酸性及剧毒液体,含有银、汞和铬等重金属离子,应使用专门的高密度聚乙烯类塑料桶收集、储存，然后按照当地生态环境主管部门规定的处理回收方法进行集中处理。

6.4.1.9 排放主体 COD 在线自动监测仪数据造假情形

水污染源 COD 等重点污染物在线监测的运行管理，是确保 COD 等重点污染物排放大幅削减的重要措施。国家要求重点企业、重点污染源排污单位安装自动监测设备并与生态环境部门联网，充分发挥污染源自动监控的作用，各级生态环境主管部门依托自动监控手段，有效遏制了偷排和超标排放等违法行为。但随着生态环境执法工作深入推进，环境违法犯罪行为也呈现出一些新特征，违法手段越来越多样，违法行为越来越隐蔽，给生态环境执法工作带来更多挑战。为此，2021 年 1 月，生态环境部印发《关于优化生态环境保护执法方式提高执法效能的指导意见》，要求各地生态环境部门不断严格执法责任、优化执法方式、完善执法机制、规范执法行为，全面提高生态环境执法效能。

COD 在线自动监测仪安装运行后，某些排放主体为了达到偷排和超标排放的非法目的，数据造假的行为屡屡发生。COD 在线自动监测仪运行过程中常见的数据造假情形列于表 6-7 中。

表 6-7 COD 在线自动监测仪运行过程中常见的数据造假情形

序号	数据造假情形	数据造假导致的后果
1	在线监测设施取样口非法投加"COD 去除剂"(如投加氯酸钠)	使测定结果偏低
2	人为调小校准曲线斜率	使测定结果偏低
3	COD 消解温度设置过低(低于规定的消解温度)	导致消解反应不完全,使测定结果偏低
4	COD 消解时间设置过低(低于规定的消解时间)	导致消解反应不完全,使测定结果偏低
5	硫酸银催化剂浓度偏低	导致消解反应不完全,使测定结果偏低
6	重铬酸钾氧化剂浓度偏低	导致消解反应不完全,使测定结果偏低
7	断开采样管路或稀释进样口水样	使测定结果偏低
8	采样管路接自来水	使测定结果偏低

6.4.2 烟气排放连续监测系统（CEMS）应用案例

CEMS 市场应用的方法和产品众多，下面介绍某商品化烟气排放连续监测系统的应用案例。该系统由气态污染物（SO_2、NO_x、O_2、HCl、HF 等）监测子系统、烟尘（颗粒物）监测子系统、烟气参数（流速、温度、压力、湿度等）监测子系统以及数据采集与处理子系统构成。

6.4.2.1 CEMS 特点

CEMS 具有以下特点。

① 可靠性高。气体分析仪采用氙灯光源，使用寿命长；气体分析仪采用全息光栅分光和阵列传感，无运动部件，可靠性高；粉尘检测仪采用一体化设计，结构紧凑，可靠性高。

② 维护方便，维护成本低。探头采用一体化过滤器，对采样烟气过滤，过滤效果好，反吹效率高，探头维护周期长；气体分析仪中光源、气体室和光谱仪之间采用光纤连接，各

部件维护和更换简单。

③ 测量精度高。系统具有自动校准功能,可自动纠正零点偏差;全程高温伴热法系统采用热湿法(温度在 $120\sim200℃$ 之间可设)测量 SO_2、NO_x,可避免冷凝水吸收 SO_2 造成测量误差,以及避免形成的腐蚀性酸性物质对仪表的腐蚀;气体分析采用紫外差分光学吸收光谱技术,可有效解决水、粉尘及其他因素对测量精度的影响;粉尘仪采用激光后散射原理,检测灵敏度高、响应速度快、内置自校正功能、测量准确、稳定性好。

④ 支持远程监控和诊断。采用 GPRS 技术,实现系统的远程监控、远程诊断、远程维护。

⑤ 可配置多路检测功能。每套系统可配置为多路 CEMS 系统,同时对两个或多个污染源的烟气排放进行连续监测。

6.4.2.2　CEMS 应用场景

CEMS 可应用于火力发电厂、各种工业窑炉/锅炉、化学工业、钢铁烧结/炼钢厂、水泥工业、垃圾焚烧厂、石油工业等的烟气排放分析系统。

CEMS 现场安装示意图如图 6-16 所示,平台设备安装示意图如图 6-17 所示。

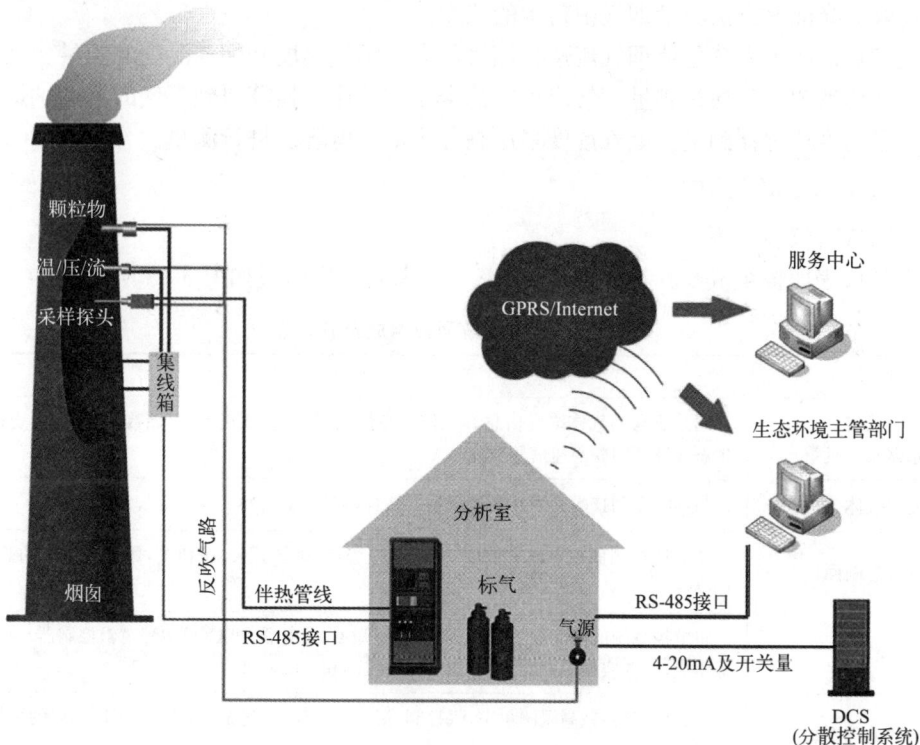

图 6-16　CEMS 系统现场安装示意图(机柜式)

6.4.2.3　分析原理

CEMS 有两种类型,分别为全程高温伴热法系统和干湿两步法系统。CEMS 全程高温伴热法系统中气态污染物监测子系统采用热湿法,其原理是利用紫外差分法测量高湿烟气中的 SO_2、NO_x(含水分),通过氧化锆测量氧含量。CEMS 干湿两步法系统中气态污染物监测子系统采用干湿两步法对气态污染物进行测量:

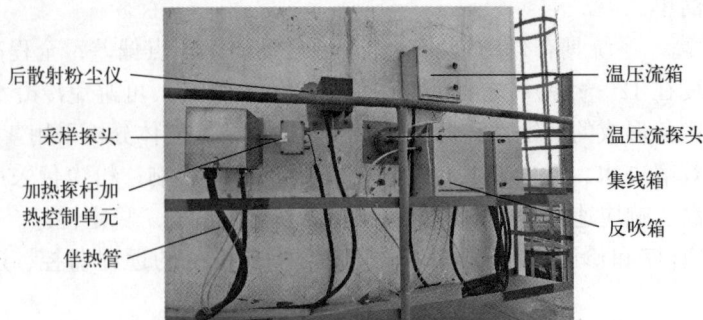

图 6-17　CEMS 系统平台设备安装示意图

① 采样得到的湿热样气，没有水溶性气体损失，使用差分光学吸收光谱法对其中的 SO_2、NO_x 浓度进行测量；

② 测量完毕后，湿热气体经过冷凝装置，变为常温干燥气体，采用红外法和电化学法测量 CO、CO_2、O_2 等气体的浓度。

烟尘监测子系统采用激光后散射烟尘仪，利用激光后散射原理测量烟气中粉尘的浓度，或采用抽取式光散射方法测量烟气中粉尘的浓度。

烟气参数监测子系统包括烟气流速、烟气压力、烟气温度和烟气湿度的测量。烟气流速采用差压变送器测量，通过测量烟气流动中的全压和静压，换算得到烟气的流速。烟气温度采用铂电阻温度传感器测量。烟气湿度采用高分子薄膜电容法进行测量。

6.4.2.4　CEMS 组成

（1）CEMS 仪表面板

CEMS 仪表面板组成及其功能列于表 6-8，仪表的前后面板如图 6-18 所示。

表 6-8　CEMS 系统面板组成及其功能

组成	功能
工控机 （显示器及主机箱）	汇总所有的气体浓度信息和工作状态信息，具有生成报表、存储数据、查询历史记录、与生态环境部门联网通信等功能
分光光谱气体分析仪	与具有专利技术的采样预处理系统结合，测量 SO_2、NO_x、O_2 等气体浓度
预处理控制面板	预处理控制面板上设有温度控制器、报警灯、维护开关、按钮等，用于对系统的监控和手动操作
电控系统	将电控系统的前面板打开，电控系统由开关、继电器、PLC(可编程逻辑控制器)、接线端子等组成，主要实现温控器、电磁阀等器件控制和 CEMS 的上电
采样预处理系统	由温度传感器、高温测量室、气控阀、湿度测量模块(选配)等组成，实现气体的采样、标定等过程
气路控制系统	由过滤减压阀、电磁阀和气路组成，主要实现采样、反吹、标定等气路的控制

预处理控制面板上设有温控器、报警指示灯、维护总旋钮、手动按钮等，用于实现对系统的监控和手动操作。两种预处理控制面板示意图分别如图 6-19、图 6-20 所示。

（2）采样预处理系统

① CEMS 全程高温伴热法采样预处理系统。CEMS 全程高温伴热法系统的采样预处理系统由温度传感器、高温气体室（气体测量池）、射流泵、氧化锆测量模块等器件组成，

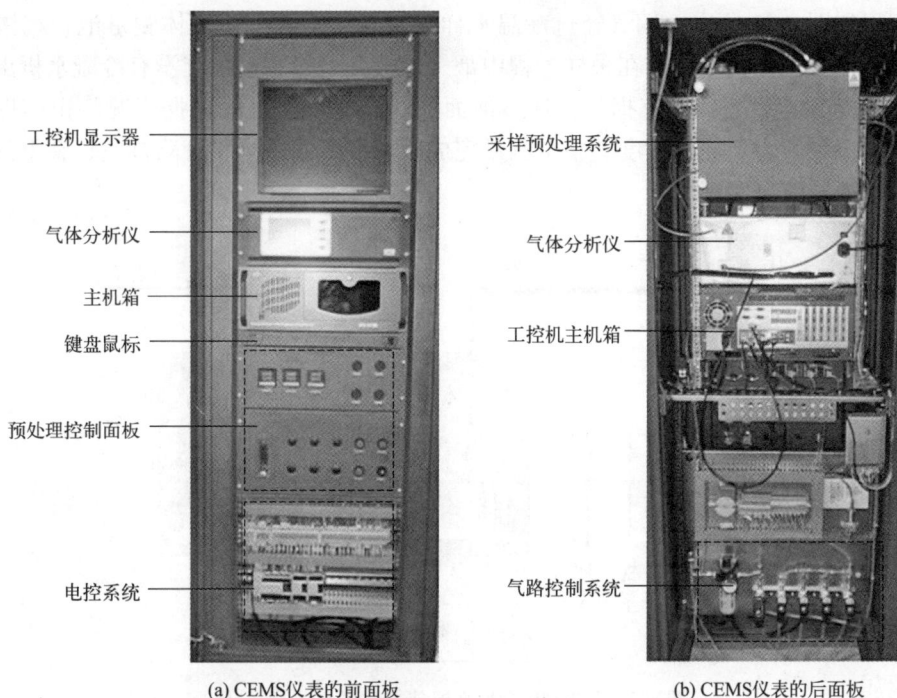

工控机显示器

气体分析仪

主机箱

键盘鼠标

预处理控制面板

电控系统

采样预处理系统

气体分析仪

工控机主机箱

气路控制系统

(a) CEMS仪表的前面板　　　　　　　　(b) CEMS仪表的后面板

图 6-18　CEMS 系统仪表柜的前后面板（机柜式）

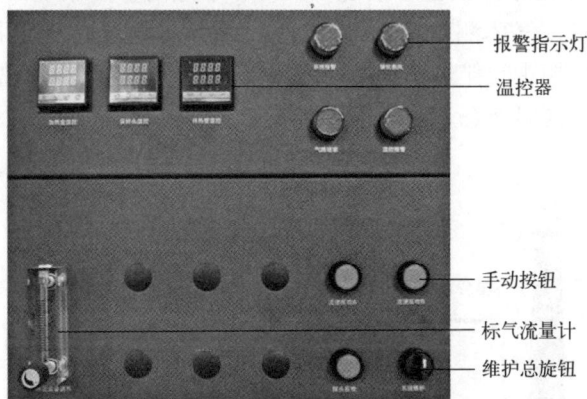

报警指示灯

温控器

手动按钮

标气流量计

维护总旋钮

图 6-19　CEMS 全程高温伴热法系统预处理控制面板示意图

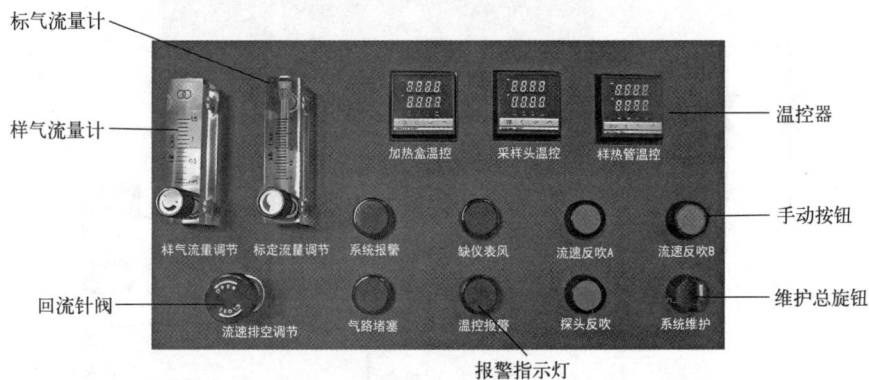

标气流量计

样气流量计

回流针阀

温控器

手动按钮

维护总旋钮

样气流量调节　标定流量调节　系统报警　　缺仪表风　　流速反吹A　流速反吹B

流速排空调节　气路堵塞　温控报警　探头反吹　系统维护

报警指示灯

图 6-20　CEMS 干湿两步法系统预处理控制面板示意图

125

其采样流程如图 6-21 所示。烟气经过高温采样探头和伴热管到达气体测量池，气体测量池放在加热盒中，这样就保证了在采样过程中烟气处于高温状态，系统没有冷凝水析出，确保 SO_2、NO_x 等水溶性气体没有损失。通过前面板的温控表，可以根据工况将采样探头、伴热管和加热盒设置为不同的温度。整个测量完成后，烟气通过排空管路排空。整个预处理采样通过高性能射流泵实现。

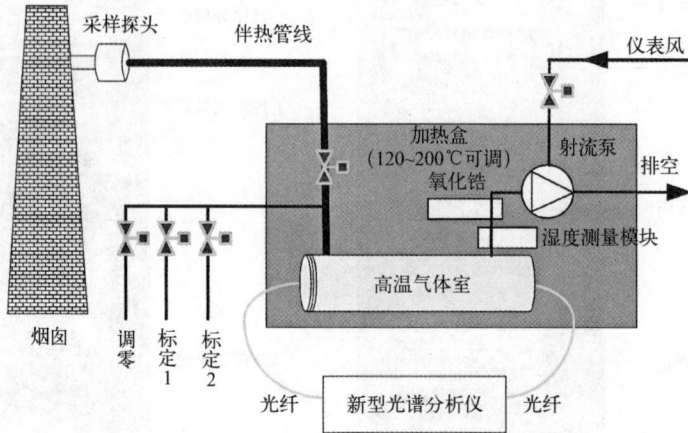

图 6-21　CEMS 全程高温伴热法系统采样流程

② CEMS 干湿两步法采样预处理系统。CEMS 干湿两步法系统的采样预处理系统由温度传感器、高温测量室（气体测量池）、真空隔膜泵等器件组成，其采样流程如图 6-22 所示。烟气经过高温采样探头和伴热管到达气体测量池，测量池放在加热盒中，这样就保证了在采样过程中烟气处于高温状态，系统没有冷凝水析出，确保 SO_2、NO_x 等水溶性气体没

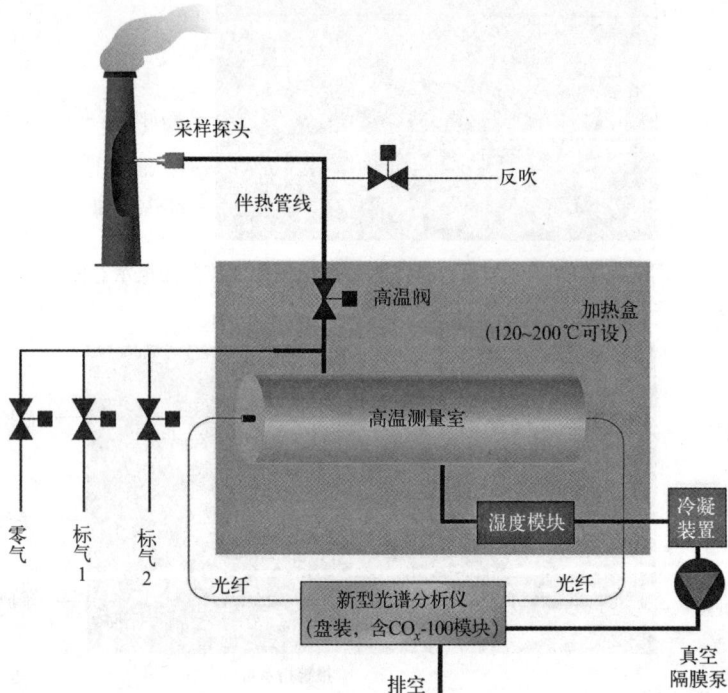

图 6-22　CEMS 干湿两步法系统采样流程

有损失。通过前面板的温控器，可以根据工况将采样探头、伴热管和加热盒设置为不同的温度。通过气体测量池的烟气，进入冷凝装置冷却除水，得到干燥的烟气。干燥的烟气可以送往仪表，分析 CO、CO_2、O_2 等非水溶性气体。整个测量完成后，烟气通过排空管路排空。整个预处理采样通过高性能隔膜泵实现，隔膜泵放在冷凝装置之后，确保其工作温度。

（3）分光光谱气体分析仪

分光光谱气体分析仪主要由光源、光谱仪、接口板和液晶显示模块等组成。主要实现 SO_2、NO_x、O_2 浓度的测量和显示以及通信功能，可以实现气体浓度测量、手动调零、手动标定等操作。气体分析仪的外观如图 6-23 所示。

各部分的功能如下。

① 光源：采用脉冲式氙灯光源，提供气体分析所需要的特定波段的紫外光源。

② 光谱仪：采用全息光栅分光技术，获得经被测气体吸收后的光谱。

③ 接口板：提供分析仪的对外接口。

④ 液晶显示模块：实现信号处理、数据计算和人机交互等功能。

（4）颗粒物监测子系统

颗粒物监测子系统采用激光后散射烟尘仪，利用激光后散射原理测量烟气中粉尘的浓度，或采用抽取式光散射方法测量烟气中粉尘的浓度。以光散射方法的测定原理为例。

采用光学测试原理来完成对被测烟道的烟尘浓度的测定。内嵌的高稳定激光信号源穿过烟道，照射烟（粉）尘粒子。被照射的烟（粉）尘粒子将反射激光信号，反射的激光信号变化强度与烟（粉）尘浓度成正比。检测烟（粉）尘反射的微弱激光信号，通过特定的算法即可计算出烟道烟（粉）尘的浓度。颗粒物监测仪可以在风、雨、雷电、粉尘、高低温等恶劣环境下，长期连续不间断地监测污染源的烟尘排放情况，烟尘仪如图 6-24 所示。

图 6-23　气体分析仪外观图

图 6-24　烟尘仪示意图

（5）烟气参数监测子系统

烟气参数包括烟气温度、烟气压力、烟气流量和烟气湿度等参数。烟气流速采用差压变送器测量，通过测量烟气流动中的全压和静压，换算得到烟气的流速。烟气温度采用铂电阻温度传感器测量。烟气湿度采用高分子薄膜电容法进行测量。

（6）数据采集与处理子系统

数据采集与处理子系统由集线箱、一体化工作站、监控软件、企业 DCS（分散控制系统）联网单元、数据远传单元等构成。集线箱安装在户外的平台上，平台上的所有设备均由集线箱进行供电，同时集线箱接收所有设备的信号输出，通过内部的处理单元与仪表机柜内的工作站进行通信。通过安装在工作站的在线监控软件监控查询所有测量信息和仪表工作状态信息，具有生成报表、存储数据、查询历史记录、与生态环境主管部门联网通信等功能。生成的生态环境主管部门要求的数据，可通过数据远传单元（GPRS、Internet 等）传送到生态环境主管部门，工作站也可以连接 DCS 联网单元实现与企业内部的 DCS 联网。

CEMS 的监控软件具有参数设定、自动功能设置、仪表校准等功能，如图 6-25 所示。

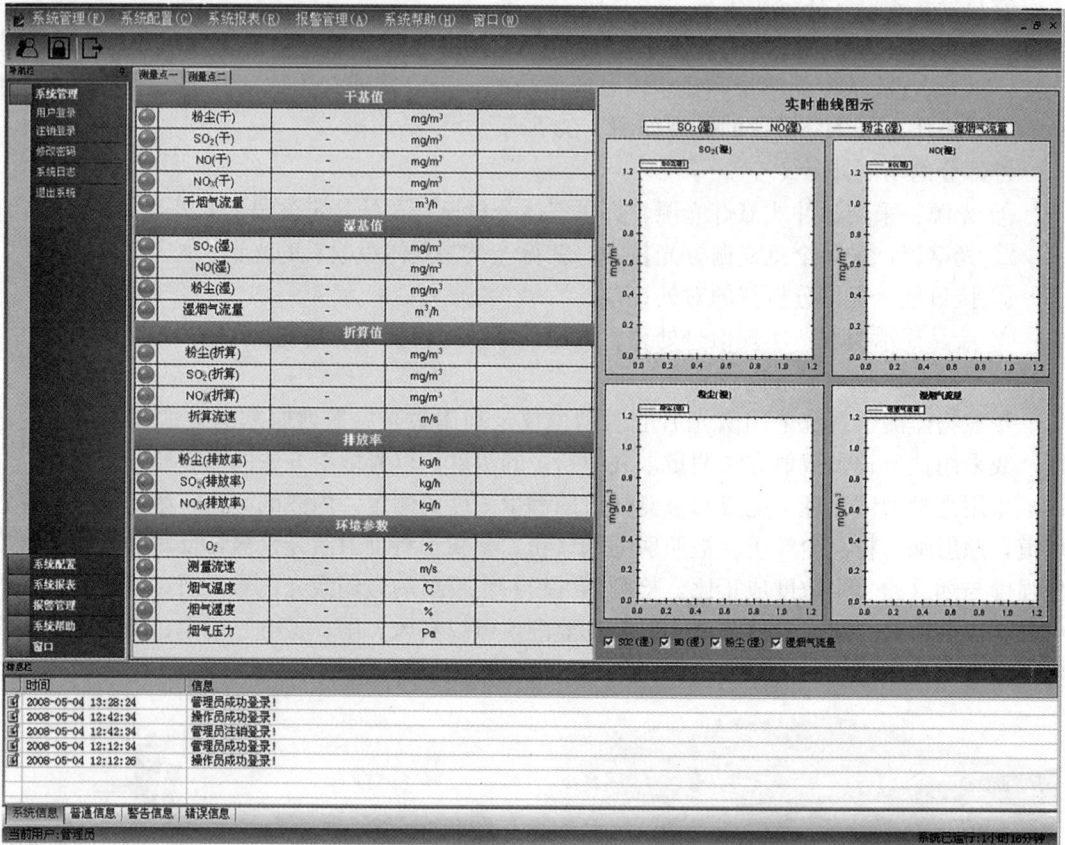

图 6-25　CEMS 系统监控软件界面

6.4.2.5　CEMS 校准

CEMS 运行过程中，随着系统内部电子元器件老化，系统参数将会缓慢漂移，影响测量准确性。为了保证 CEMS 测量结果准确，在使用过程中，每隔一定周期，需要对组成系统的各类分析仪进行校准。校准就是对系统进行调零和标定，一般情况下，气体分析仪的量程校准周期为 3 个月；激光后散射粉尘仪和激光气体分析仪的标定周期推荐为 6 个月。如果测量点工况比较恶劣，需要视具体工况来定标定周期。

（1）零点标定

在长期的在线测量过程中，不定期地进行零点标定是防止零点漂移、确保测量数据精确的有效手段，气体分析仪提供了零点标定功能，零点标定包括自动调零和手动调零两种方式。调零时需要通入零气（N_2），系统支持自动调零功能，自动零气校准触发时，系统抽入空气对除 O_2 外的组分进行调零，自动调零周期 24h。

（2）量程标定

在量程标定前，可对某个组分测量的准确性进行检验，通入标气，然后根据测量结果对其进行校验，决定是否需要进行量程标定。量程标定包括自动标定和手动标定两种方式，量程标定需要通入相应量程的标准气体，SO_2、NO、CO、CO_2、O_2 等气体测量参数的校准可通过气体分析仪进行。

6.4.2.6　CEMS 技术参数

某商品化 CEMS 的主要技术参数如表 6-9 所示。

表 6-9　某商品化 CEMS 的主要技术参数

项目			技术参数指标
气态污染物		SO_2 浓度量程	$(0\sim75\sim14000)mg/m^3$
		NO/NO_x 浓度量程	$(0\sim100\sim7000)mg/m^3$
		O_2 浓度量程	$(0\sim25)\%$
		CO 浓度量程	$(0\sim1300)mg/m^3$
		CO_2 浓度量程	$(0\sim20)\%$
		HCl 浓度量程	$(0\sim7\sim8000)\mu mol/mol$
		HF 浓度量程	$(0\sim1\sim10000)\mu mol/mol$
		零点漂移	$\leqslant\pm2\%F.S./24h$
		量程漂移	$\leqslant\pm2\%F.S./24h$
		线性误差	$\leqslant\pm1\%F.S.$
		响应时间	$\leqslant60s$
颗粒物		测量距离	$0.7\sim20m$
		粉尘浓度量程	$(0\sim100\sim2000)mg/m^3$
		测量精度	$2\%F.S.$
烟气参数	温度	测量范围	$0\sim400℃$
		测量精度	$\pm0.5\%F.S.$
	压力	测量范围	$-5\sim5kPa$，可选$-10\sim10kPa$
		测量精度	$\pm0.5\%F.S.$
	湿度	测量范围	$0\sim40\%$（体积分数）
		测量精度	$\pm2\%F.S.$
	流速	测量范围	$0\sim40m/s$
		测量精度	$\pm1\%F.S.$

6.4.2.7　日常维护

为了保证 CEMS 能长时间稳定、准确、可靠运行，需要周期性地对 CEMS 系统进行维护和标定。CEMS 日常维护的主要内容如下。

① 定期对分光光谱气体分析仪进行零点校准和量程校准，建议标定周期为三个月，具体标定周期视工况而定。

② 每天检查时，应注意仪表间空气的气味，如发现异味，马上打开门窗通风并检查管路是否泄漏、电器元件是否有过热和烧损现象。

③ 查看工控机、仪表、温度控制器等的读数是否正常，是否有故障指示信号；如不正常，首先检查工况是否变化，如工况没有变化，对仪器进行一次标定。

④ 检查工控机显示的烟道流量、温度、压力参数是否正常，管道是否漏水，如有异常要进行检查维护。

⑤ 检查仪表风压力是否正常，如果不正常，检查气路连接是否漏气。

⑥ 查看所有电磁阀是否正常动作，如果不动作或者动作异常，检查气路是否堵塞或者电磁阀是否损坏，如果损坏须停机，并及时更换电磁阀。

⑦ 查看预处理机柜中的风扇是否转动，打开机柜后门观察照明灯是否正常点亮，冷凝器风扇是否正常转动等。

⑧ 根据使用情况定期清洗或更换采样探头滤芯、二级过滤器滤芯、过滤减压阀滤芯，若为 CEMS 干湿两步法系统，要排空空气过滤器中的水分。

⑨ 根据使用情况定期清理采样探头采样管中沉积的灰尘等杂物，确保采样管路通畅。

⑩ 根据使用情况定期清理焊接法兰中沉积的灰尘等杂物，确保采样光路通畅。

⑪ 根据使用情况定期清理皮托管的取压和静压探头，确保准确测量差压。

⑫ 根据使用情况定期清理工控机机箱里的沉积灰尘，防止内部电路短路或者接触不良。

⑬ 其他电气、仪表、设备的维护参照通用电气、仪表、设备维护规范进行。

6.4.3　固定污染源碳排放在线监测系统应用案例

某商品化固定污染源碳排放在线监测系统（简称"碳排放在线监测系统"）的应用案例介绍如下。该系统依托在位式抽取采样技术，利用非分散红外（NDIR）原理方法实时检测 CO 和 CO_2 浓度，采用电化学原理检测 O_2 浓度以及阻容法原理检测 H_2O，检测限低、响应速度快。

6.4.3.1　碳排放在线监测系统特点

该碳排放在线监测系统具有以下特点。

① 可靠性高。基于 NDIR 技术，可实现高精度 CO、CO_2 等气体检测；使用寿命长，核心部件使用寿命可达 5 年，综合使用成本低。

② 测量精度高。采用高性能红外探测器，精度高；具备自动零点校准功能，可自动纠正零点偏差，校准周期视情况可灵活调整；动态范围宽，可同时测量 $10^{-6} \sim 10^{-2}$ 的 CO 和 CO_2 浓度。

③ 维护方便。具备远程显示和控制等功能，运维方便；多级过滤，定期自动吹扫，确保长期稳定可靠，维护频率低；仪表内部和系统内组件采用模块化设计，维护方便，维护成本低。

④ 智能化程度高。触摸屏一手掌控，具备自动监测、校准、诊断报警功能，具备二级密码权限、软件现场升级功能。

6.4.3.2　碳排放在线监测系统应用场景

该系统主要应用于火电、钢铁、石油天然气开采、煤炭开采、废弃物处理及其他固定污染源排放烟气组分 CO、CO_2 和烟气参数（温度、压力、流速、湿度、O_2 含量）的在线监测，可实现对固定污染源碳捕集系统入口和出口碳含量的直接测量；可为火电、钢铁、石油天然气开采、煤炭开采、废弃物处理等碳监测评估试点行业的温室气体排放浓度监测、排放量核算和减排工作提供数据支撑，为实现"双碳"目标服务。该系统效果图如图 6-26 所示。

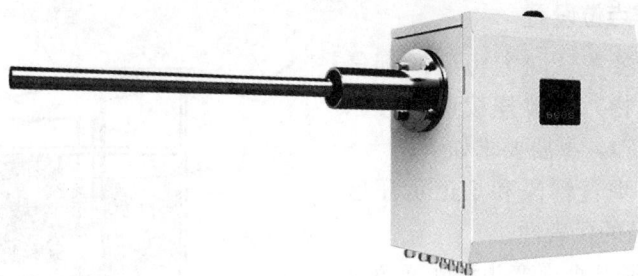

图 6-26　碳排放在线监测系统效果图

6.4.3.3　分析系统组成及技术原理

分析系统主要由采样预处理单元和气态物质测量单元等组成。通过采样泵进行样气采集，根据电子流量计计算采样流量；连续地从烟气中抽取一部分气流，采集的烟气经探杆进入高温单元，被加热到一个设定温度，经过多级过滤器除去颗粒物，通过阻容法进行烟气湿度检测；再进入制冷除水单元，将烟气水分降低至露点 $4\,^{\circ}\mathrm{C}$ 以下；然后进入 NDIR 红外测量和电化学氧传感器测量模块；通过对红外光信号实时分析处理，得到 CO 和 CO_2 浓度；通过电化学反应检测 O_2 浓度。此外，也具备远程显示数据和通信功能。

（1）CO 和 CO_2 浓度分析仪

采用 NDIR 分析技术的气体检测模块，利用气体浓度与其吸收红外波长及其强度之间的关系（即朗伯-比尔定律）鉴别气体组分并确定其浓度。该模块主要由红外光源、光路、红外探测器、电路和软件组成，工作原理如图 6-27 所示，包括红外光源、红外探测器、气体室、反射平面镜、进气口和出气口等相关器件。光源发出红外光，经气体室后被反射平面镜反射至红外探测器，红外探测器对变化的红外光能量有电荷产生，进而产生电压响应；根据朗伯-比尔定律，非对称分子的气体对红外光有能量吸收，气体通过进气口进入，导致光路路径上的红外光能量被吸收，使得到达探测器的能量减少，进而使得探测器信号响应。

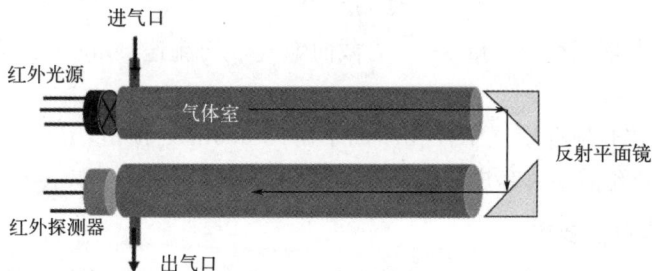

图 6-27　NDIR 分析工作原理

（2）O_2 浓度分析仪

采用电化学氧传感器进行 O_2 浓度监测，利用氧气在工作电极上发生的还原反应和阴极材料发生的相应还原反应产生电流，电流大小和氧气的浓度成正比，通过测试电流的大小即可判断氧气浓度的大小。电化学氧传感器原理如图 6-28 所示。

（3）阻容法测量 H_2O 浓度

采用高分子薄膜电容制成，当 H_2O 浓度发生改变时，高分子薄膜电容的介电常数发生变化从而引起电容量的变化。

131

6.4.3.4 采样点位设置

采样点位设置参考《固定污染源烟气（SO_2、NO_x、颗粒物）排放连续监测技术规范》（HJ 75—2017），主要要求如下。

① 优先选择在垂直管段和烟道负压区域，确保所采集样品的代表性。

② 测定位置应避开烟道弯头和断面急剧变化的部位。对于颗粒物 CEMS 和流速 CEMS，应设置在距弯头、阀门、变径管下游方向不小于 4 倍烟道直径，以及距上述部件上游方向不小于 2 倍烟道直径处。

③ 对于气态污染物 CEMS，应设置在距弯头、阀门、变径管下游方向不小于 2 倍烟道直径，以及距上述部件上游方向不小于 0.5 倍烟道直径处。

图 6-28 电化学氧传感器原理图

④ 对矩形烟道，其当量直径 $D=2AB/(A+B)$，其中 A、B 为边长。

⑤ 对于新建项目，采样平台应与排气装置同步设计、同步建设，确保采样断面满足上述要求；对于现有排放源，当无法找到满足要求的采样位置时，应尽可能选择在气流稳定的断面安装采样或分析探头，并采取相应措施保证监测断面烟气和颗粒物分布相对均匀，断面无紊流。

⑥ 对烟气分布均匀程度的判定采用相对均方根 σ_r 法，应满足 $\sigma_r \leqslant 0.15$，σ_r 按下式计算：

$$\sigma_r = \sqrt{\frac{\sum\limits_{i=1}^{n}(v_i - \bar{v})^2}{(n-1) \times \bar{v}^2}}$$

式中，v_i 为测点烟气流速，m/s；$\bar{v}$ 为截面烟气平均流速，m/s；n 为截面上的速度测点数目。

⑦ 环保验收对比孔应在烟气采样孔断面下游约 0.5m 处预留。当开孔位置无法满足以上要求时，测量点开孔需要由客户和环保检测部门共同确定。

6.4.3.5 采样平台要求

① 采样或监测平台长度应≥2m，宽度应≥2m 或不小于采样枪长度外延 1m，周围设置 1.2m 以上的安全防护栏，有牢固并符合要求的安全措施，便于日常维护（清洁光学镜头、检查和调整光路准直、检测仪器性能和更换部件等）和比对监测。

② 采样或监测平台应易于人员和监测仪器到达，当采样平台设置在离地面高度≥2m 的位置时，应有通往平台的斜梯/Z 字梯/旋梯，宽度应≥0.9m；当采样平台设置在离地面高度≥20m 的位置时，应有通往平台的升降梯。

③ 当 CEMS 安装在矩形烟道时，若烟道截面的高度＞4m，则不宜在烟道顶层开设参比方法采样孔；若烟道截面的宽度＞4m，则应在烟道两侧开设参比方法采样孔，并设置多层采样平台。

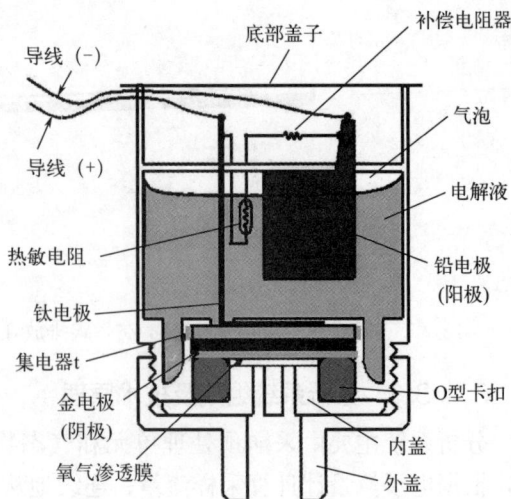

④ 在 CEMS 监测断面下游应预留参比方法采样孔。现有污染源参比方法采样孔内径应 ≥80mm，新建或改建污染源参比方法采样孔内径应≥90mm。在互不影响测量的前提下，参比方法采样孔应尽可能靠近 CEMS 监测断面。当烟道为正压烟道或有毒气时，应采用带闸板阀的密封采样孔。

⑤ 采样口处绕烟道一周安装监测平台，平台使用钢架结构支撑，与烟道固定，承重应符合相关技术规范要求。

6.4.3.6　技术参数

某商品化碳排放在线监测系统的主要技术参数如表 6-10 所示。

表 6-10　某商品化碳排放在线监测系统的主要技术参数

监测因子	CO_2/CO	O_2	H_2O
分析方法	非分散红外	电化学	阻容法
量程（入口）	量程可选： CO_2:0～5%～25% CO:(0～500～20000)×10^{-6}	0～25%	0～40%
量程（出口）	CO_2:0～100%（可非标定制）		
采样流量/(L/min)	1～2	1～2	1～2
零点漂移(F.S./24h)	不超过±2.0%	不超过±2.0%	不超过±2.0%
量程漂移(F.S./24h)	不超过±2.0%	不超过±2.0%	不超过±2.0%
线性误差(F.S.)	不超过±2.0%	不超过±2.0%	不超过±2.0%
响应时间/s	T_{90}<90	T_{90}<90	T_{90}<90

6.4.3.7　系统维护

为了保证碳监测系统能长时间稳定、准确、可靠运行，需要定期对系统进行维护。

（1）日常维护

检查系统是否正常运行，界面显示数据是否正常，仪器数据是否正常上传；检查仪表风压力是否大于 0.3MPa，检查反吹过滤器状况，必要时手动排水；检查钢瓶减压阀是否有漏气现象，尤其是在更换标气后，如有问题及时处理，避免标气泄漏对设备造成损坏；注意仪器的气味，如发现异味，马上检查管路是否泄漏，电器件是否有过热和烧损现象。

（2）定期维护

每周对蠕动泵进行检查，泵管是否被腐蚀，若被腐蚀及时更换；每周进行一次手动调零标定；每周检查仪器管路状态，若有杂质堵塞，及时清理；每周检查冷凝器状态，出口应无明显液态水珠；每月检查仪器各滤芯状况，若污染严重，及时清理或更换；每季度对高温区滤芯和密封圈进行维护；每半年对采样泵进行维护。

附　录

附录1　常用国家标准规范

1.《水质　氟化物的测定　离子选择电极法》(GB 7484—1987)

2.《水质　铜、锌、铅、镉的测定　原子吸收分光光度法》(GB 7475—1987)

3.《水质　钾和钠的测定　火焰原子吸收分光光度法》(GB 11904—89)

4.《水质　钙和镁的测定　原子吸收分光光度法》(GB 11905—89)

5.《水质　银的测定　火焰原子吸收分光光度法》(GB 11907—89)

6.《水质　铁、锰的测定　火焰原子吸收分光光度法》(GB 11911—89)

7.《水质　镍的测定　火焰原子吸收分光光度法》(GB 11912—89)

8.《水质　硝酸盐氮的测定　紫外分光光度法（试行）》(HJ/T 346—2007)

9.《水质　溶解氧的测定　电化学探头法》(HJ 506—2009)

10.《水质　总汞的测定　冷原子吸收分光光度法》(HJ 597—2011)

11.《水质　钡的测定　火焰原子吸收分光光度法》(HJ 603—2011)

12.《水质　汞、砷、硒、铋和锑的测定　原子荧光法》(HJ 694—2014)

13.《水质　32种元素的测定　电感耦合等离子体发射光谱法》(HJ 776—2015)

14.《水质　铬的测定　火焰原子吸收分光光度法》(HJ 757—2015)

15.《水质　钼和钛的测定　石墨炉原子吸收分光光度法》(HJ 807—2016)

16.《水质　无机阴离子（F^-、Cl^-、NO_2^-、Br^-、NO_3^-、PO_4^{3-}、SO_3^{2-}、SO_4^{2-}）的测定　离子色谱法》(HJ 84—2016)

17.《水质　烷基汞的测定吹扫捕集/气相色谱-冷原子荧光光谱法》(HJ 977—2018)

18.《水质　钴的测定　火焰原子吸收分光光度法》(HJ 957—2018)

19.《水质　锑的测定　火焰原子吸收分光光度法》(HJ 1046—2019)

20.《水质　4种硝基酚类化合物的测定　液相色谱-三重四极杆质谱法》(HJ 1049—2019)

21.《水质　硝基酚类化合物的测定　气相色谱-质谱法》(HJ 1150—2020)

22.《地表水自动监测技术规范（试行）》(HJ 915—2017)

23.《污水监测技术规范》(HJ 91.1—2019)

24.《地表水环境质量监测技术规范》(HJ 91.2—2022)

25.《环境空气　铅的测定　火焰原子吸收分光光度法》(GB/T 15264—1994)

26.《环境空气　酚类化合物的测定　高效液相色谱法》(HJ 638—2012)

27.《环境空气　铅的测定　石墨炉原子吸收分光光度法》（HJ 539—2015）

28.《环境空气　颗粒物中水溶性阳离子（Li^+、Na^+、NH_4^+、K^+、Ca^{2+}、Mg^{2+}）的测定　离子色谱法》（HJ 800—2016）

29.《环境空气　颗粒物中无机元素的测定　波长色散 X 射线荧光光谱法》（HJ 830—2017）

30.《环境空气　挥发性有机物的测定　便携式傅里叶红外仪法》（HJ 919—2017）

31.《空气和废气　颗粒物中金属元素的测定　电感耦合等离子体发射光谱法》（HJ 777—2015）

32.《环境空气和废气　颗粒物中砷、硒、铋、锑的测定　原子荧光法》（HJ 1133—2020）

33.《环境空气质量监测点位布设技术规范（试行）》（HJ 664—2013）

34.《环境空气气态污染物（SO_2、NO_2、O_3、CO）连续自动监测系统安装验收技术规范》（HJ 193—2013）

35.《环境空气质量手工监测技术规范》（HJ 194—2017）

36.《环境空气颗粒物（PM_{10} 和 $PM_{2.5}$）连续自动监测系统运行和质控技术规范》（HJ 817—2018）

37.《环境空气气态污染物（SO_2、NO_2、O_3、CO）连续自动监测系统运行和质控技术规范》（HJ 818—2018）

38.《环境空气中颗粒物（PM_{10} 和 $PM_{2.5}$）β 射线法自动监测技术指南》（HJ 1100—2020）

39.《环境空气颗粒物（PM_{10} 和 $PM_{2.5}$）连续自动监测系统技术要求及检测方法》（HJ 653—2021）

40.《环境空气颗粒物（$PM_{2.5}$）中有机碳和元素碳连续自动监测技术规范》（HJ 1327—2023）

41.《环境空气颗粒物（$PM_{2.5}$）中水溶性离子连续自动监测技术规范》（HJ 1328—2023）

42.《环境空气颗粒物（$PM_{2.5}$）中无机元素连续自动监测技术规范》（HJ 1329—2023）

43.《区域环境空气臭氧自动监测质量评估技术要求》（HJ 1318—2023）

44.《固定污染源废气　铍的测定　石墨炉原子吸收分光光度法》（HJ 684—2014）

45.《固定污染源废气　铅的测定　火焰原子吸收分光光度法》（HJ 685—2014）

46.《固定污染源废气　气态污染物（SO_2、NO、NO_2、CO、CO_2）的测定　便携式傅立叶变换红外光谱法》（HJ 1240—2021）

47.《固定污染源废气　氨和氯化氢的测定　便携式傅立叶变换红外光谱法》（HJ 1330—2023）

48.《固定污染源烟气（SO_2、NO_x、颗粒物）排放连续监测技术规范》（HJ 75—2017）

49.《固定污染源烟气（SO_2、NO_x、颗粒物）排放连续监测系统技术要求及检测方法》（HJ 76—2017）

50.《土壤和沉积物　汞、砷、硒、铋、锑的测定　微波消解/原子荧光法》（HJ 680—2013）

51.《土壤和沉积物　无机元素的测定　波长色散 X 射线荧光光谱法》（HJ 780—2015）

52.《土壤和沉积物　12 种金属元素的测定　王水提取-电感耦合等离子体质谱法》（HJ 803—2016）

53.《土壤和沉积物　11 种元素的测定　碱熔-电感耦合等离子体发射光谱法》（HJ 974—2018）

54.《土壤和沉积物　铜、锌、铅、镍、铬的测定　火焰原子吸收分光光度法》（HJ 491—2019）

55.《土壤和沉积物　铊的测定　石墨炉原子吸收分光光度法》（HJ 1080—2019）

56.《土壤和沉积物　钴的测定　火焰原子吸收分光光度法》（HJ 1081—2019）

57.《土壤和沉积物　甲基汞和乙基汞的测定　吹扫捕集/气相色谱-冷原子荧光光谱法》（HJ 1269—2022）

58.《土壤和沉积物　19 种金属元素总量的测定　电感耦合等离子体质谱法》（HJ 1315—2023）

59.《土壤　干物质和水分的测定　重量法》（HJ 613—2011）

60.《土壤质量　总汞的测定　冷原子吸收分光光度法》（GB/T 17136—1997）

61.《土壤质量　铜、锌的测定　火焰原子吸收分光光度法》（GB/T 17138—1997）

62.《土壤质量　镍的测定　火焰原子吸收分光光度法》（GB/T 17139—1997）

63.《土壤质量　铅、镉的测定　石墨炉原子吸收分光光度法》（GB/T 17141—1997）

64.《土壤质量　土壤样品长期和短期保存指南》（GB/T 32722—2016）

65.《土壤环境监测技术规范》（HJ/T 166—2004）

66.《固体废物　汞、砷、硒、铋、锑的测定　微波消解/原子荧光法》（HJ 702—2014）

67.《固体废物　总铬的测定　火焰原子吸收分光光度法》（HJ 749—2015）

68.《固体废物　总铬的测定　石墨炉原子吸收分光光度法》（HJ 750—2015）

69.《固体废物　钡的测定　石墨炉原子吸收分光光度法》（HJ 767—2015）

70.《固体废物　22 种金属元素的测定　电感耦合等离子体发射光谱法》（HJ 781—2016）

71.《固体废物　铅、锌和镉的测定　火焰原子吸收分光光度法》（HJ 786—2016）

72.《固体废物　铅和镉的测定　石墨炉原子吸收分光光度法》（HJ 787—2016）

73.《固体废物　无机元素的测定　波长色散 X 射线荧光光谱法》（HJ 1211—2021）

74.《污染物在线监控（监测）系统数据传输标准》（HJ 212—2017）

75.《氨氮水质在线自动监测仪技术要求及检测方法》（HJ 101—2019）

76.《化学需氧量（COD）在线自动监测仪》（JJG 1012—2019）

77.《化学需氧量（COD_{Cr}）水质在线自动监测仪技术要求及检测方法》（HJ 377—2019）

78.《水污染源在线监测系统（COD_{Cr}、NH_3-N 等）安装技术规范》（HJ 353—2019）

79.《水污染源在线监测系统（COD_{Cr}、NH_3-N 等）验收技术规范》（HJ 354—2019）

80.《水污染源在线监测系统（COD_{Cr}、NH_3-N 等）运行技术规范》（HJ 355—2019）

81.《水污染源在线监测系统（COD_{Cr}、NH_3-N 等）数据有效性判别技术规范》（HJ 356—2019）

82.《功能区声环境质量自动监测技术规范》（HJ 906—2017）

83.《环境噪声自动监测系统技术要求》（HJ 907—2017）

84.《法庭科学　微量物证的理化检验　第 1 部分：红外吸收光谱法》（GB/T 19267.1—2023）

85.《塑料种类鉴定　红外光谱法》（DB32/T 3159—2016）

86.《海水中微塑料的测定　傅立叶变换显微红外光谱法》（DB21/T 2751—2017）

87.《固定污染源废气一氧化碳和氯化氢　自动监测技术规范》（HJ 1403—2024）

88.《排污单位污染物排放口监测点位设置　技术规范》（HJ 1405—2024）

附录2 各种塑料参比光谱图和特征吸收表

各种塑料参比光谱图和特征吸收表，见附图 2-1～附图 2-30 和附表 2-1～附表 2-30。

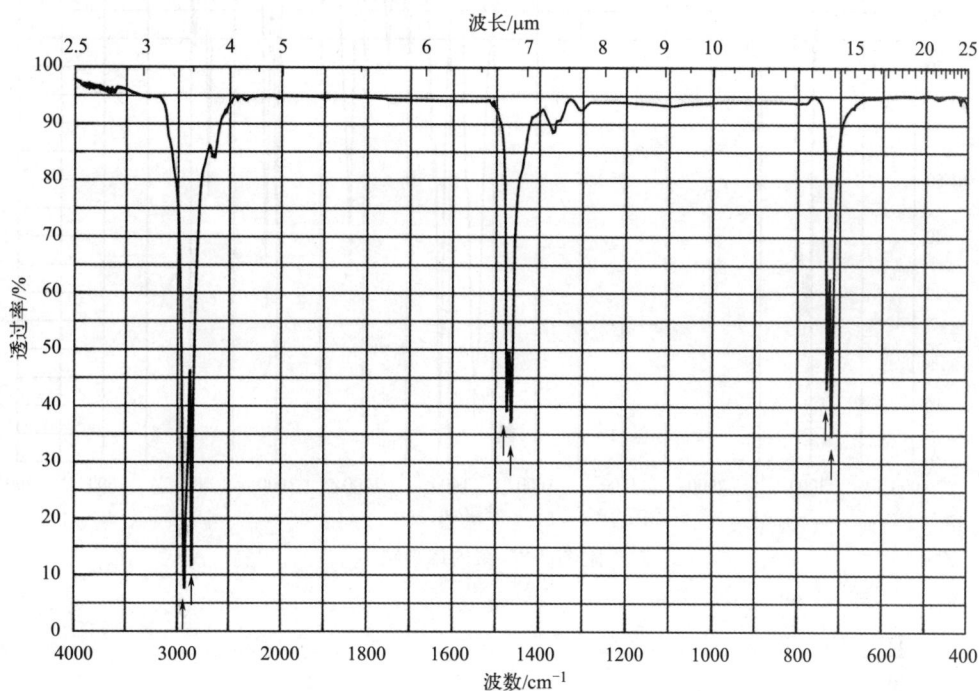

附图 2-1 聚乙烯塑料

附表 2-1 聚乙烯塑料主要特征吸收峰和有关结构

波长/μm	波数/cm^{-1}	峰强度	有关结构
3.4,3.5	2925,2857	极强	—CH$_2$—
6.79,6.83	1472,1462	中,双峰	—CH$_2$—
13.98,14.19	730,719	中,双峰	—CH$_2$—

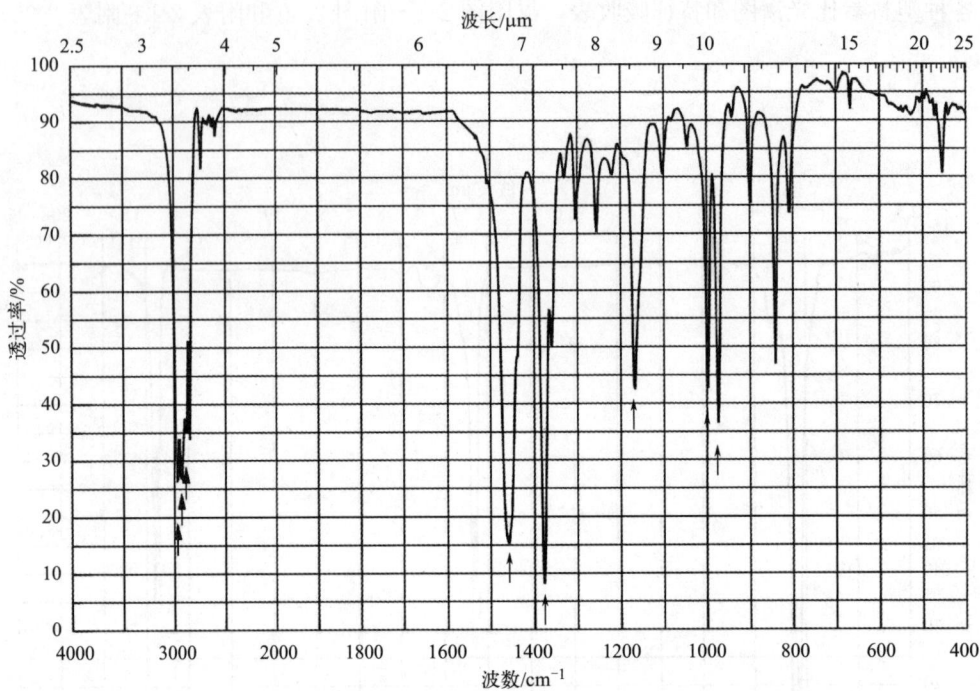

附图 2-2　聚丙烯塑料

附表 2-2　聚丙烯塑料主要特征吸收峰和有关结构

波长/μm	波数/cm^{-1}	峰强度	有关结构
3.37,3.42	2960,2920	极强	C—H,—CH$_2$—,—CH$_3$
7.3	1377	强	—CH$_3$
3.5,3.7	2877,2837	强	C—H,—CH$_2$—,—CH$_3$
6.8	1458	强	—CH$_2$—
10.0,10.1	998,973	中	—CH$_3$,—CH$_3$
8.5	1167	中	—CH$_3$

138

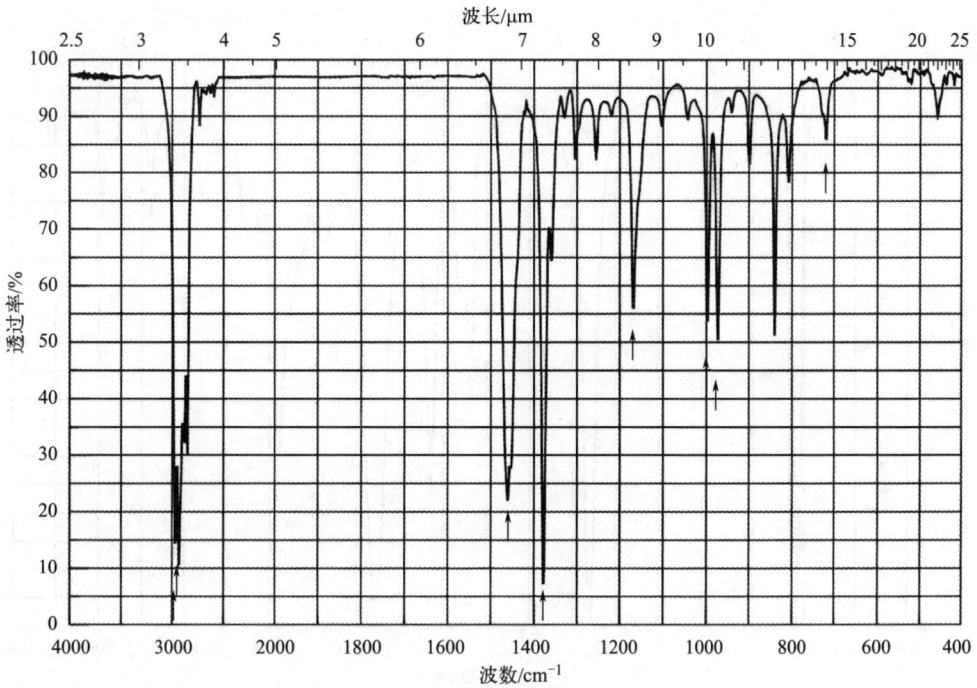

附图 2-3　乙烯-丙烯共聚物塑料

附表 2-3　乙烯-丙烯共聚物塑料主要特征吸收峰和有关结构

波长/μm	波数/cm^{-1}	峰强度	有关结构
3.37,3.42	2960,2920	极强	C—H，—CH_2—，—CH_3
3.5,3.6	2875,2840	强	C—H，—CH_2—，—CH_3
7.3	1380	强	—CH_3
6.8	1460	中	—CH_2—
8.5	1170	中	—CH_3
10.0,10.1	998,978	中	—CH_2—，—CH_3
14.0	720	中	—CH_2—长链

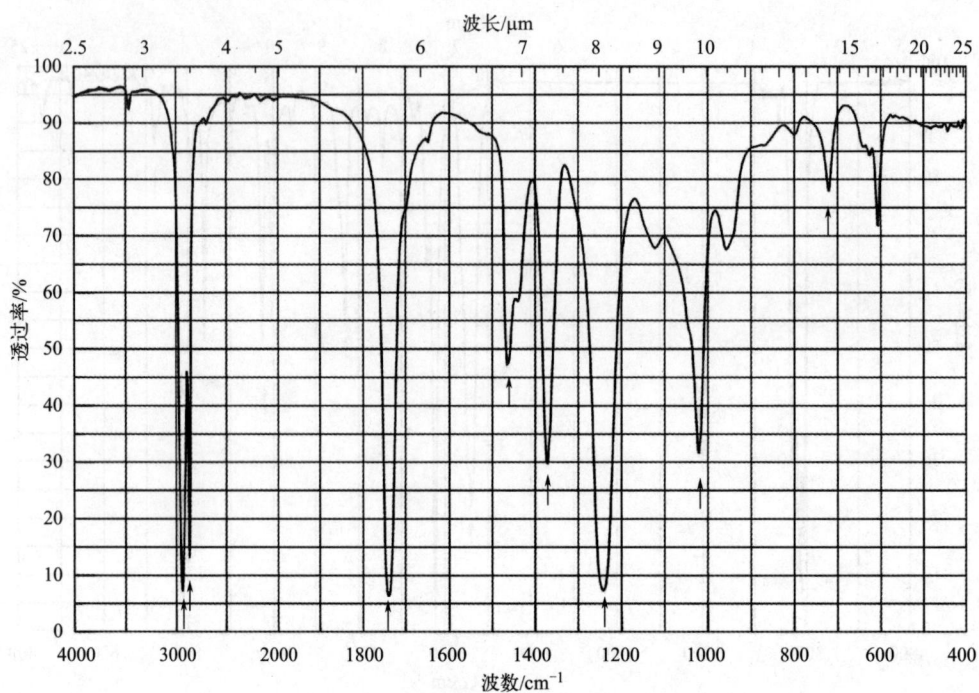

附图 2-4　乙烯-醋酸乙烯酯共聚物塑料

附表 2-4　乙烯-醋酸乙烯酯共聚物塑料主要特征吸收峰和有关结构

波长/μm	波数/cm^{-1}	峰强度	有关结构
3.4,3.5	2925,2857	极强	—CH$_2$—
5.8	1740	极强	—C=O
8.1	1242	强	—C—O—
6.8,7.2	1464,1371	中	—CH$_2$—
10.1	1028	中	—C—O—
13.98	720	中	—CH$_2$—

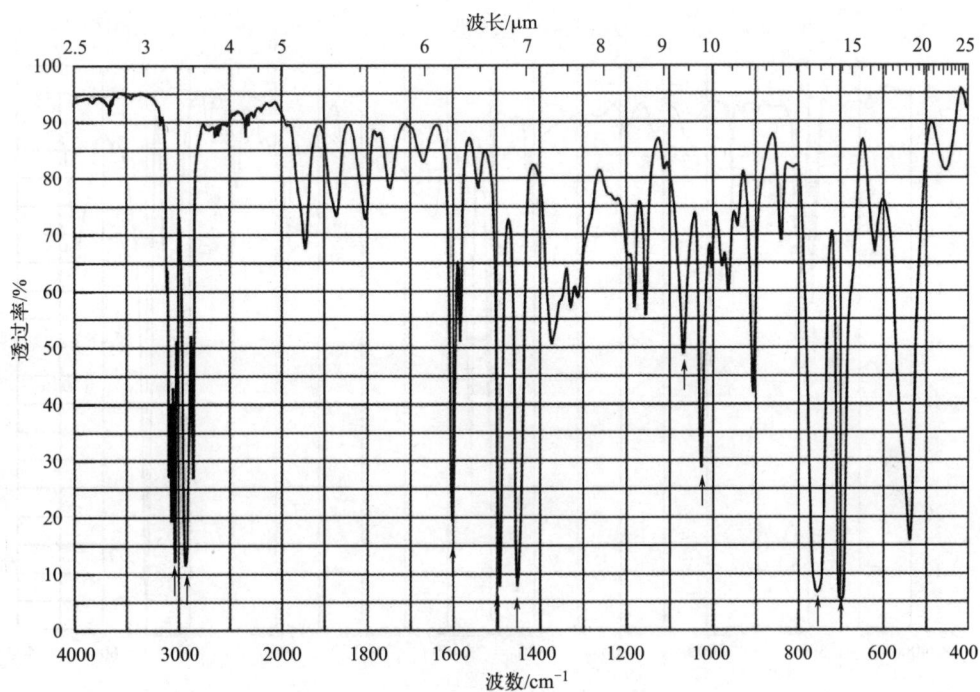

附图 2-5 聚苯乙烯塑料

附表 2-5 聚苯乙烯塑料主要特征吸收峰和有关结构

波长/μm	波数/cm^{-1}	峰强度	有关结构
13.2,14.3	757,699	极强,双峰	苯环单取代
3.4,3.5	2923,2849	极强	饱和—CH$_2$—
3.22~3.33	3102,3081,3065,3025,3001	极强	不饱和 C—H
6.5	1493	强	苯环
6.9	1452	强	C—H
6.2	1601	中	苯环
9.3,9.7	1070,1028	中	苯环单取代

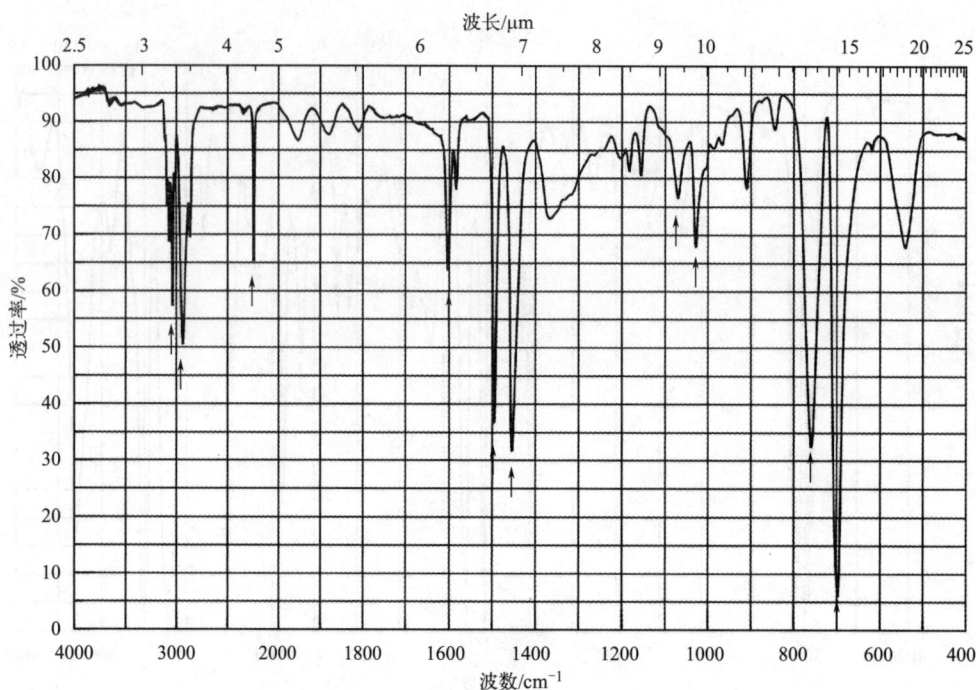

附图 2-6　苯乙烯-丙烯腈共聚物塑料

附表 2-6　苯乙烯-丙烯腈共聚物塑料主要特征吸收峰和有关结构

波长/μm	波数/cm^{-1}	峰强度	有关结构
13.2,14.3	757,699	极强,双峰	苯环单取代
3.4,3.5	2923,2849	极强	饱和—CH$_2$—
3.22～3.33	3102,3081,3065,3025,3001	极强	不饱和 C—H
6.5	1493	强	苯环
6.9	1452	强	C—H
4.4	2247	中	—C≡N
6.2	1601	中	苯环
9.3,9.7	1070,1028	中	苯环单取代

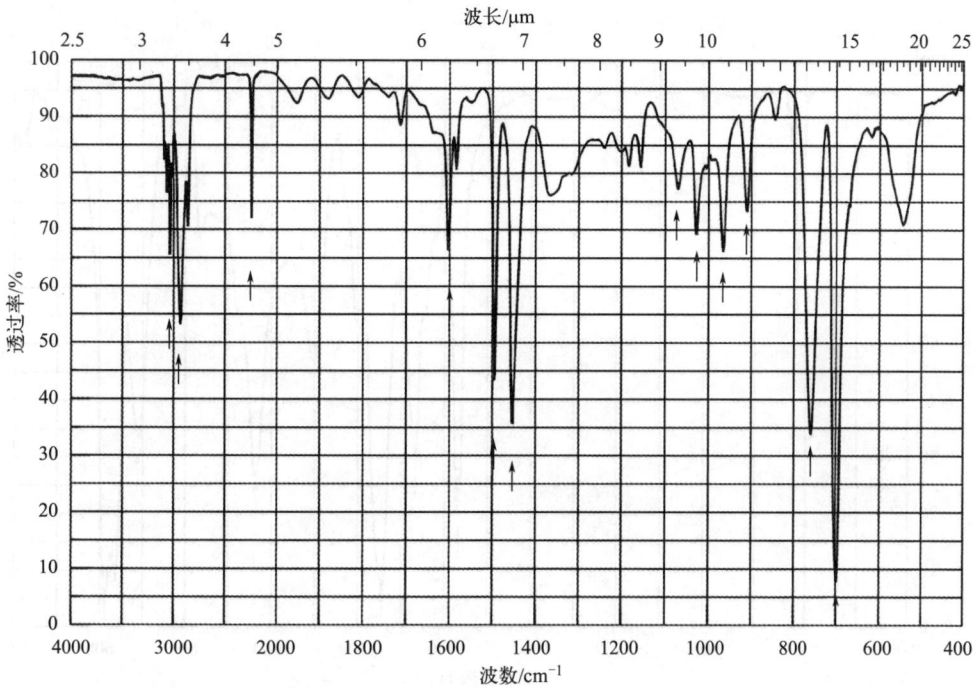

附图 2-7　苯乙烯-丙烯腈-丁二烯共聚物塑料

附表 2-7　苯乙烯-丙烯腈-丁二烯共聚物塑料主要特征吸收峰和有关结构

波长/μm	波数/cm^{-1}	峰强度	有关结构
13.2,14.3	757,699	极强,双峰	苯环单取代
3.4,3.5	2923,2849	极强	饱和—CH$_2$—
3.22～3.33	3102,3081,3065,3025,3001	极强	不饱和 C—H
6.5	1493	强	苯环
6.9	1452	强	C—H
4.4	2247	中	—C≡N
6.2	1601	中	苯环
9.3,9.7	1070,1028	中	苯环单取代
10.2,10.5	960,910	中	反式丁二烯

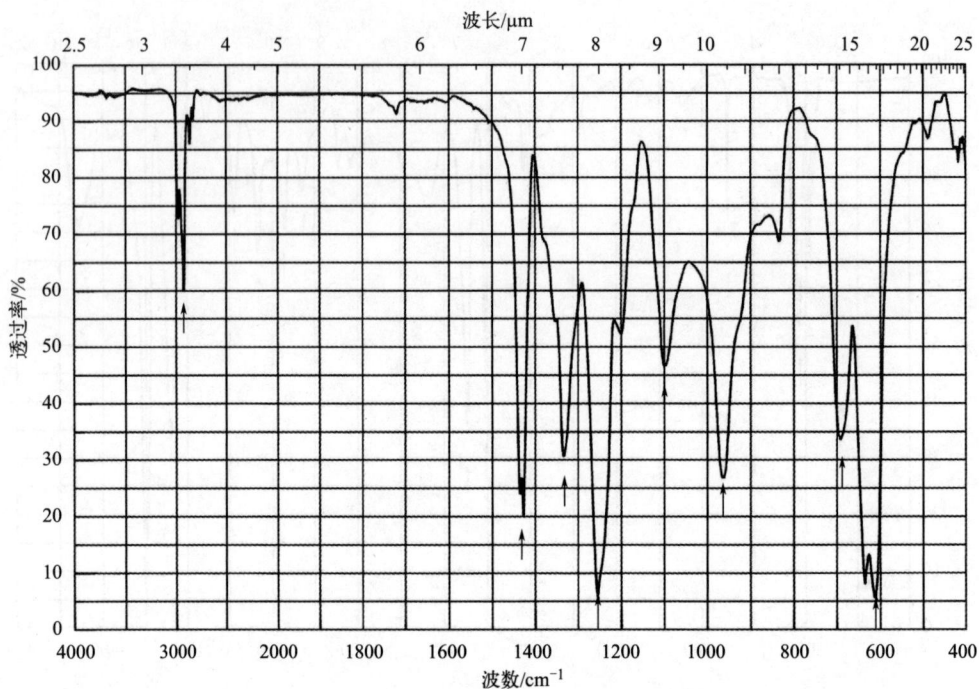

附图 2-8 聚氯乙烯塑料

附表 2-8 聚氯乙烯塑料主要特征吸收峰和有关结构

波长/μm	波数/cm^{-1}	峰强度	有关结构
14.5,16.5	690,610	极强,双峰	—C—Cl
8.0	1250	强	在—CH—Cl 中的 C—H
7.0	1429	强	—CH$_2$—
7.5	1333	中	在—CH—Cl 中的 C—H
9.1	1100	中	—C—C—
10.4	962	中	—CH$_2$—
3.4	2920	中	—CH$_2$—,C—H

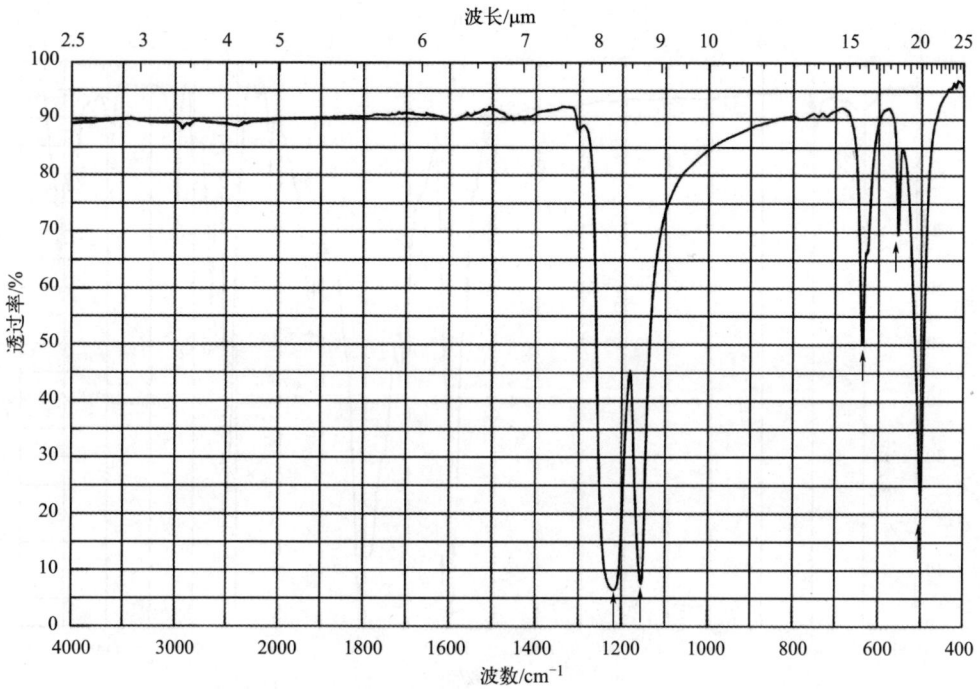

附图 2-9　聚四氟乙烯塑料

附表 2-9　聚四氟乙烯塑料主要特征吸收峰和有关结构

波长/μm	波数/cm^{-1}	峰强度	有关结构
8.3	1217	极强	—CF$_2$—
8.7	1153	极强	—CF$_2$—
19.9	512	强	C—F
16.0	637	弱,双峰	—CF$_2$—
18.0	564	弱	C—F

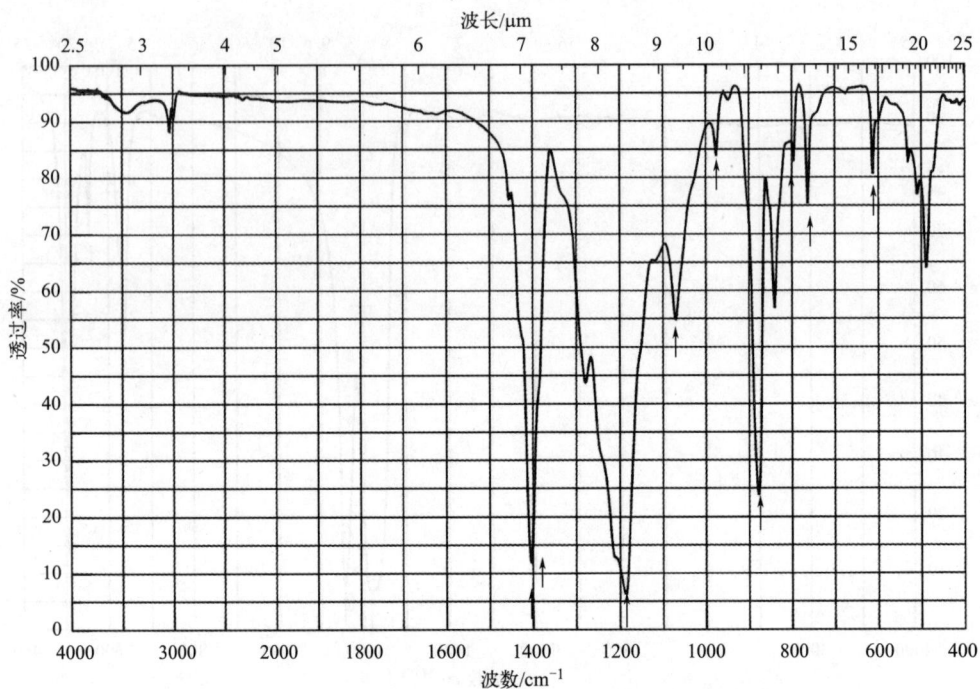

附图 2-10　聚偏二氟乙烯塑料

附表 2-10　聚偏二氟乙烯塑料主要特征吸收峰和有关结构

波长/μm	波数/cm^{-1}	峰强度	有关结构
8.2	1189	极强	—CF$_2$—
7.1,7.2	1405,1380	强	—CH$_2$—
11.5	878	强	—CF$_2$—
9.3	1071	中	C—F
12.5,13.7	799,760	中	—CF$_2$—
16.5	613	中	—CF$_2$—
10.2	975	弱	—CF$_2$—

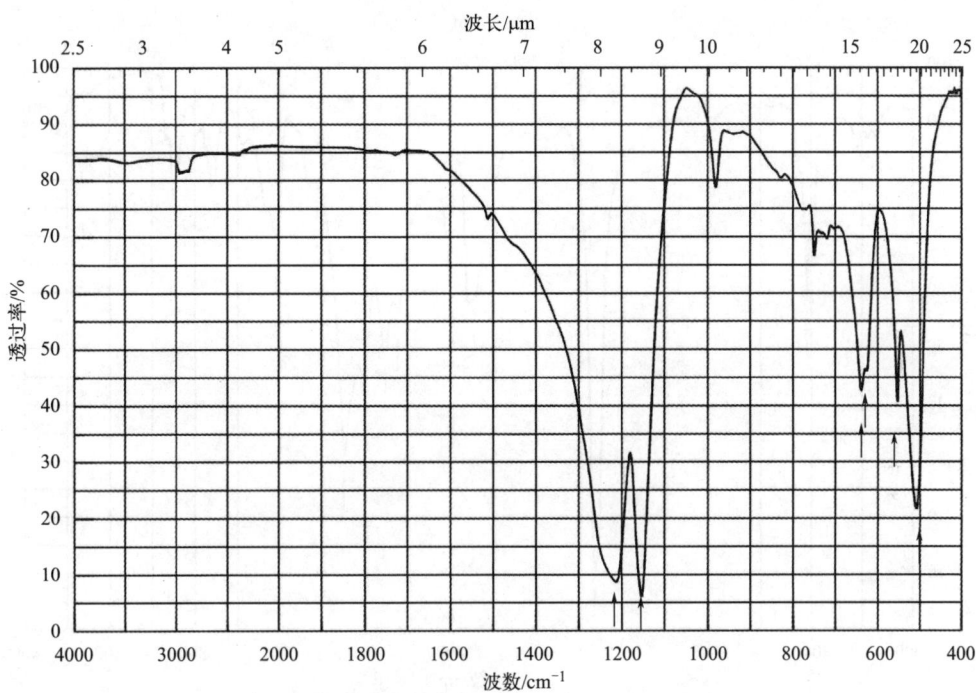

附图 2-11　四氟乙烯-六氟丙烯共聚物塑料

附表 2-11　四氟乙烯-六氟丙烯共聚物塑料主要特征吸收峰和有关结构

波长/μm	波数/cm^{-1}	峰强度	有关结构
8.7	1154	极强	—CF_2—
8.3	1215	极强	—CF_2—
20	512	强	C—F
15.5,16.0	640,630	中,双峰	—CF_2—
10.1	982	弱	C—F

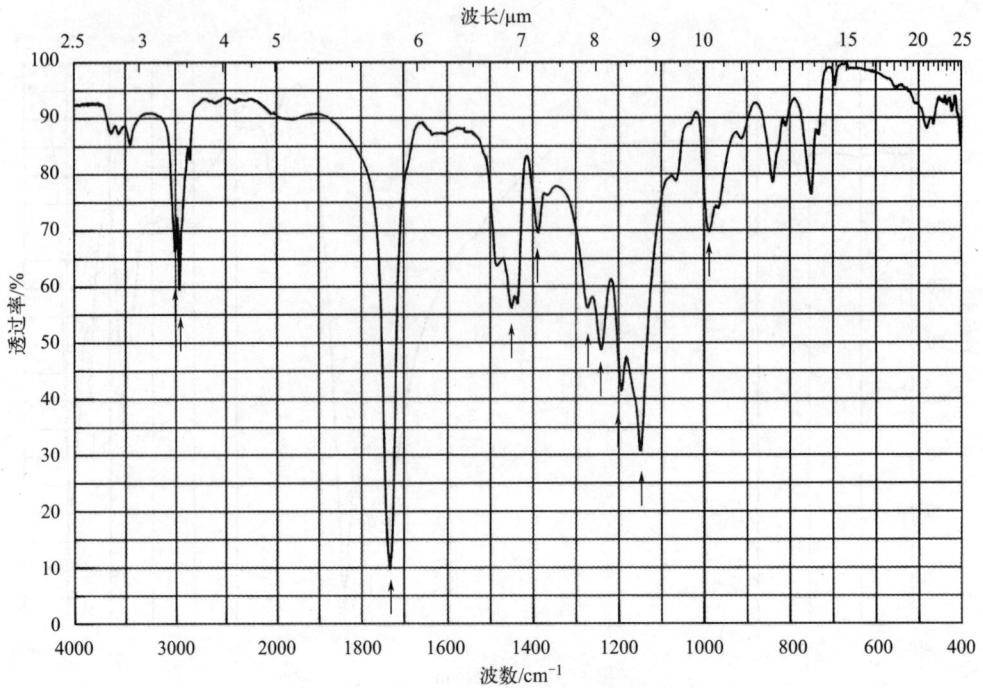

附图 2-12　聚甲基丙烯酸甲酯塑料

附表 2-12　聚甲基丙烯酸甲酯塑料主要特征吸收峰和有关结构

波长/μm	波数/cm^{-1}	峰强度	有关结构
5.8	1731	强	—C=O
8.7	1148	强	—C—O—
7.9	1200	强	—C—O—
6.9,7.2	1450,1390	中	—CH$_2$—
7.8,8.0	1272,1241	中,双峰	—C—O—
3.3,3.4	2994,2952	弱,双峰	—CH—
13.8	988	弱	—CH—

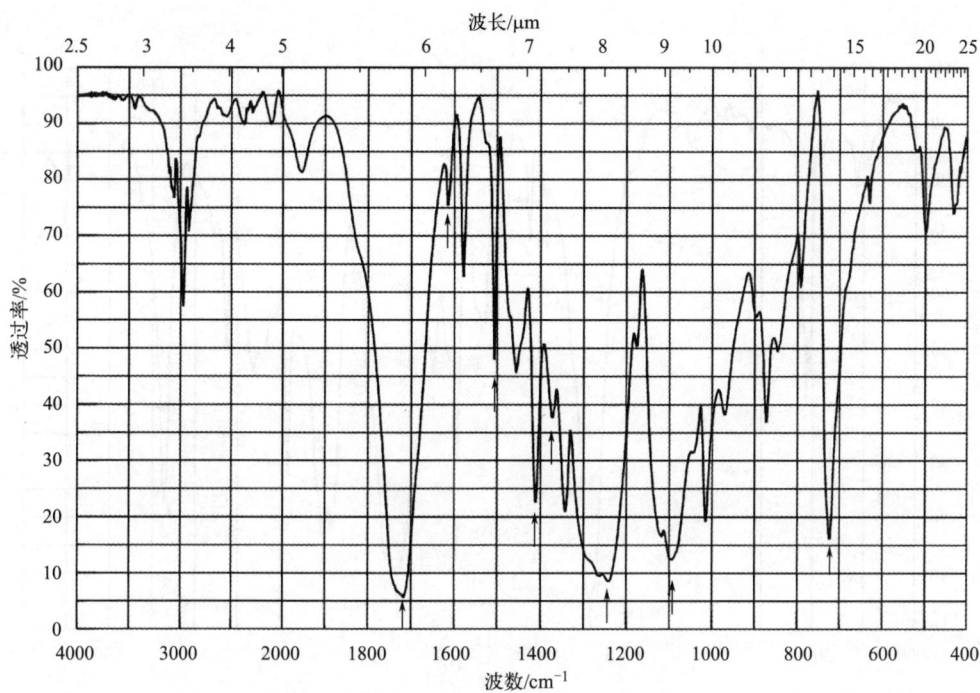

附图 2-13　聚对苯二甲酸乙二醇酯塑料

附表 **2-13**　聚对苯二甲酸乙二醇酯塑料主要特征吸收峰和有关结构

波长/μm	波数/cm^{-1}	峰强度	有关结构
5.8	1716	强	—C=O
8.0	1241	强	—C—O—
13.8	724	强	—CH$_2$—
9.1	1094	强	—C—O—
7.4	1372	中	—CH$_2$—
7.1	1410	中	C—H
6.3	1613	弱	苯环
6.8	1505	弱	苯环

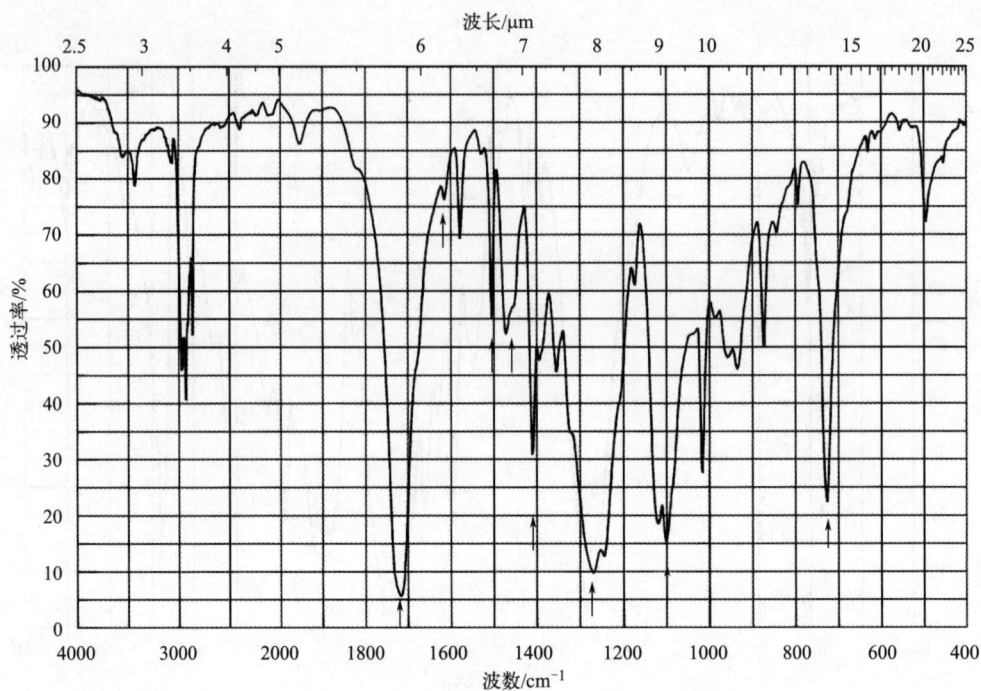

附图 2-14　聚对苯二甲酸丁二醇酯塑料

附表 2-14　聚对苯二甲酸丁二醇酯塑料主要特征吸收峰和有关结构

波长/μm	波数/cm^{-1}	峰强度	有关结构
5.8	1716	强	—C=O
7.8	1268	强	—C—O—
9.1	1100	强	—C—O—
13.8	725	强	—CH$_2$—
7.4	1410	中	—CH$_2$—
7.1	1460	中	—CH$_2$—
6.0,6.6	1613,1505	弱	苯环

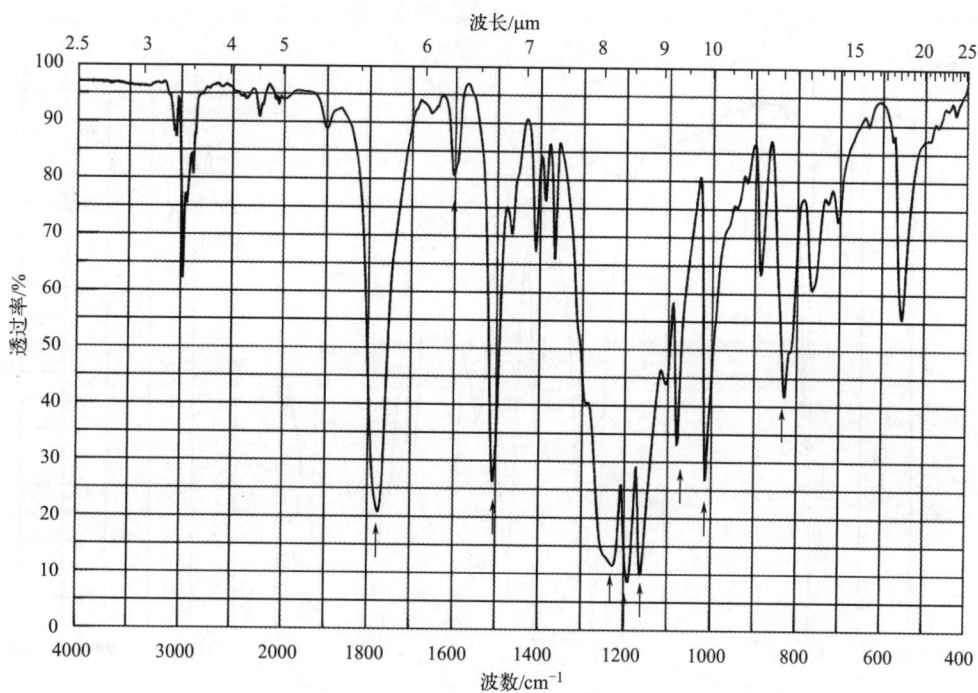

附图 2-15　聚碳酸酯塑料

附表 2-15　聚碳酸酯塑料主要特征吸收峰和有关结构

波长/μm	波数/cm^{-1}	峰强度	有关结构
8.5,9.4	1190,1160	极强	—C—O—
8.1	1230	极强	—C—O—
5.6	1774	强	—C=O
6.2,6.6	1602,1505	中	芳环
9.2,9.8	1079,1013	中	芳环
12.0	830	中	芳环

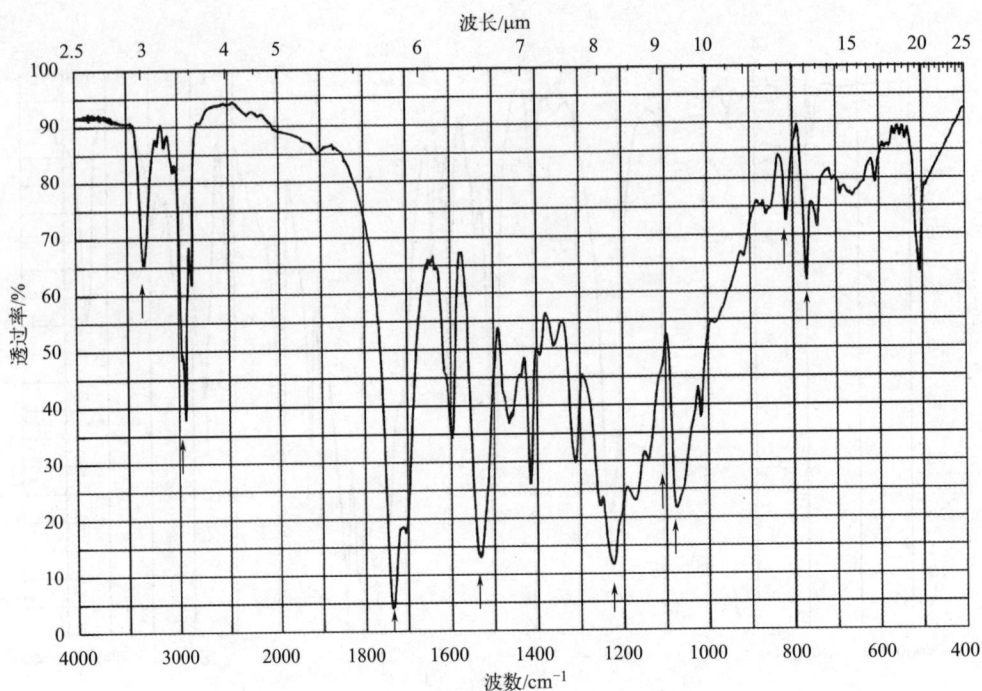

附图 2-16　聚酯型聚氨酯塑料

附表 2-16　聚酯型聚氨酯塑料主要特征吸收峰和有关结构

波长/μm	波数/cm^{-1}	峰强度	有关结构
5.6	1730	强	—C=O
6.5	1535	强	N—H
8.2	1225	强,宽谱带	—C—O—
9.1	1080	强	—C—O—
6.3	1595	中	C—H
3.4	2960	中	C—H
3.0	3330	中	N—H
12.2,13.0	820,770	弱,双峰	芳环

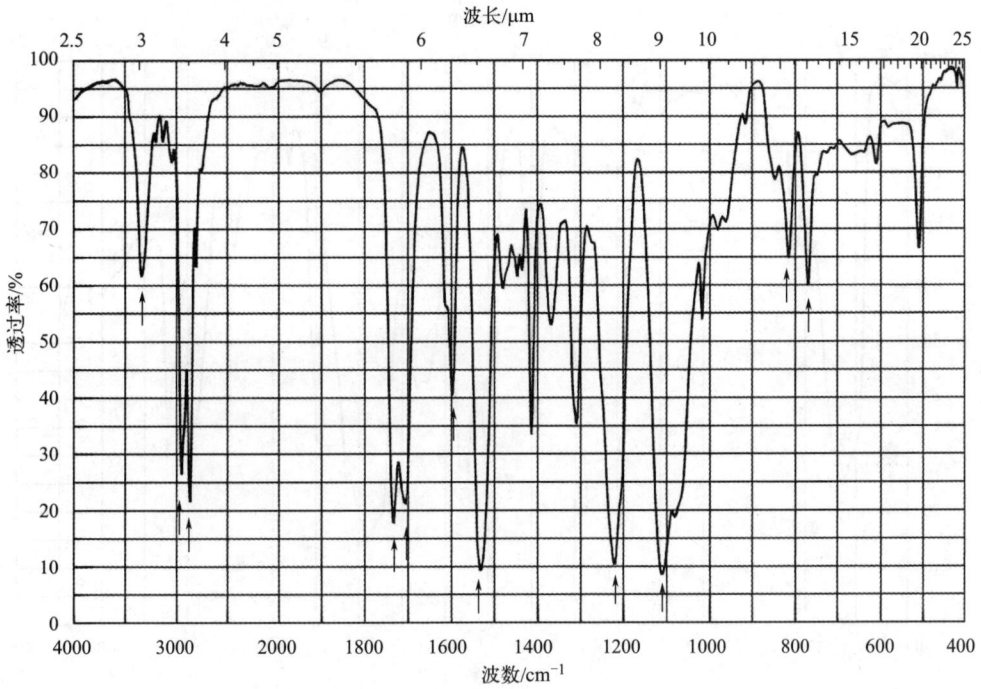

附图 2-17　聚醚型聚氨酯塑料

附表 2-17　聚醚型聚氨酯塑料主要特征吸收峰和有关结构

波长/μm	波数/cm^{-1}	峰强度	有关结构
3.4,3.5	2940,2860	极强,双峰	C—H
5.6,5.8	1730,1705	强,双峰	—C=O
6.5	1535	强	N—H
8.2	1220	强	—C—O—
16.5	1110	强	—C—O—
6.3	1590	中	C—H
3.0	3330	中	N—H
12.2,13.0	820,770	弱,双峰	芳环

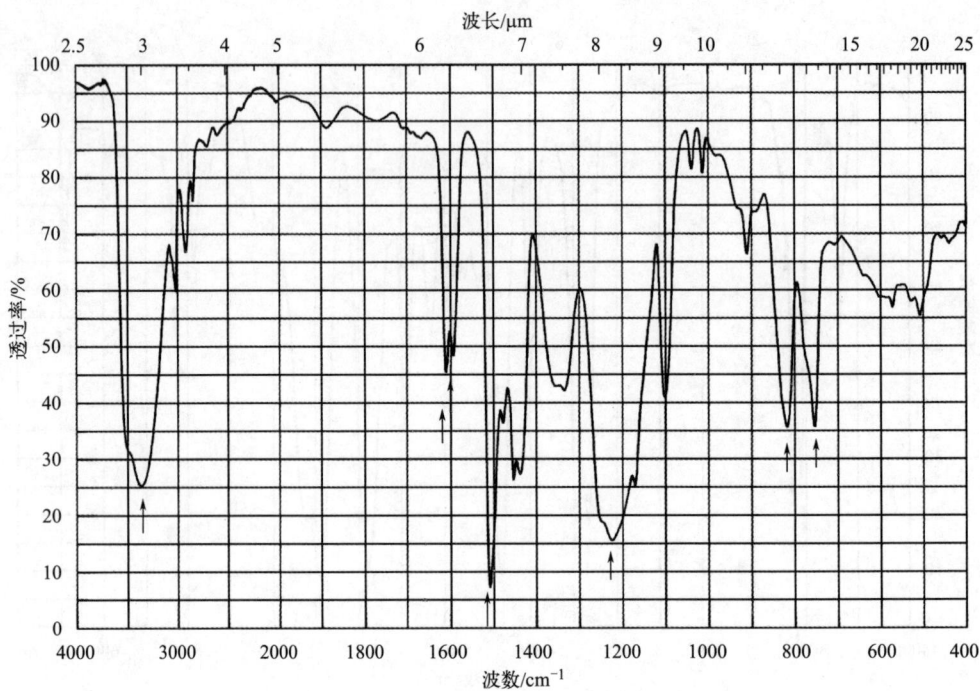

附图 2-18　酚醛树脂塑料

附表 2-18　酚醛树脂塑料主要特征吸收峰和有关结构

波长/μm	波数/cm⁻¹	峰强度	有关结构
3.0	3330	强，宽谱带	N—H
6.6	1515	强	芳环
8.1	1235	强	—C—O—
6.1,6.2	1619,1605	中	芳环
12.2	820	弱	芳环
13.2	755	弱	芳环

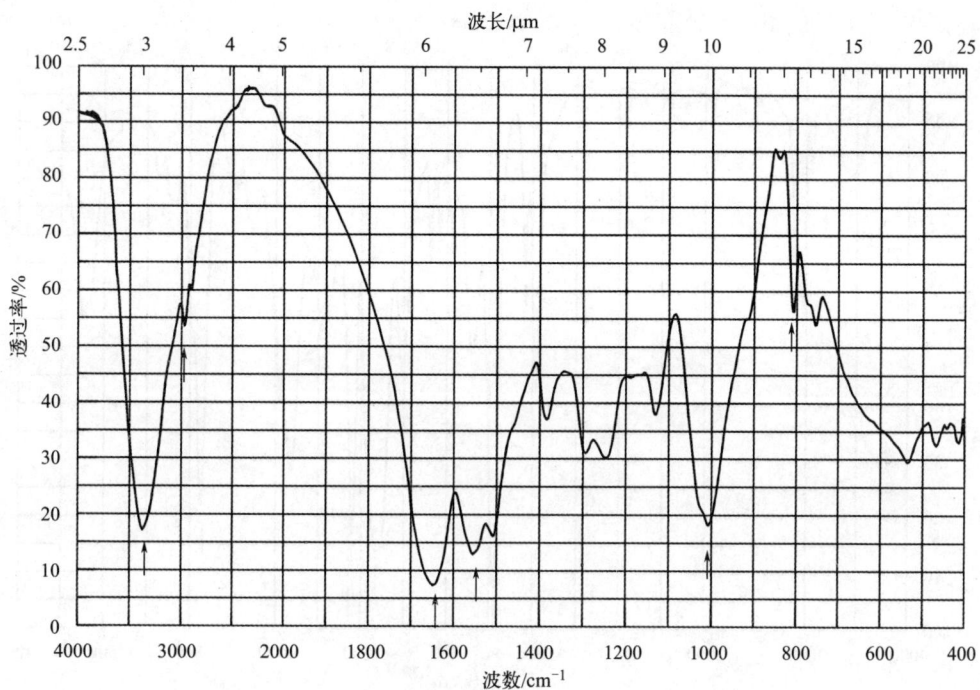

附图 2-19　脲醛树脂塑料

附表 2-19　脲醛树脂塑料主要特征吸收峰和有关结构

波长/μm	波数/cm^{-1}	峰强度	有关结构
3.0	3300	强,宽谱带	N—H
6.1	1640	强	C=O 酰胺 I 带
6.5	1540	强	酰胺 II 带
10.0	1010	强,宽谱带	—C—O—
3.4	2950	中	C—H
16.5	840	弱	—C—O—

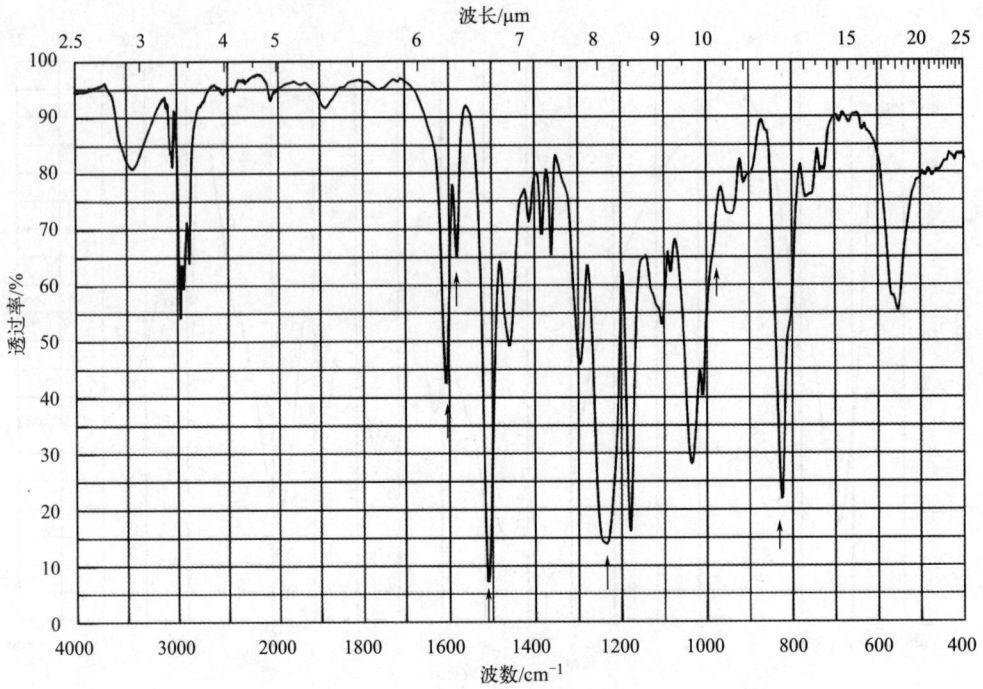

附图 2-20　双酚 A 型环氧树脂塑料

附表 2-20　双酚 A 型环氧树脂塑料主要特征吸收峰和有关结构

波长/μm	波数/cm⁻¹	峰强度	有关结构
6.3	1510	极强	芳环
8.0	1237	强	—C—O—
12.0	830	强	环氧环
6.2,7.2	1607,1581	中,双峰	芳环
10.2	975	弱	环氧环

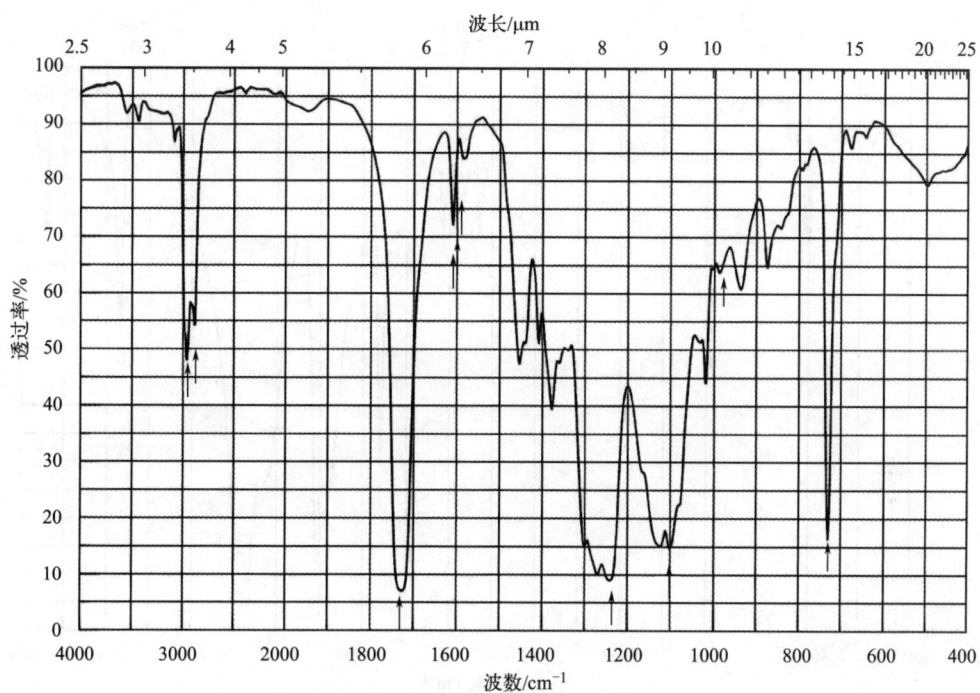

附图 2-21 不饱和树脂塑料

附表 2-21 不饱和树脂塑料主要特征吸收峰和有关结构

波长/μm	波数/cm^{-1}	峰强度	有关结构
5.8	1727	极强	—C=O
8.0	1240	强	—C—O—
7.6	1100	强	—C—O—
12.9	730	强	—CH$_2$—
3.4,3.5	2952,2875	强,双峰	—CH$_2$—
6.2,6.2	1608,1595	弱,双峰	苯环

波长/μm

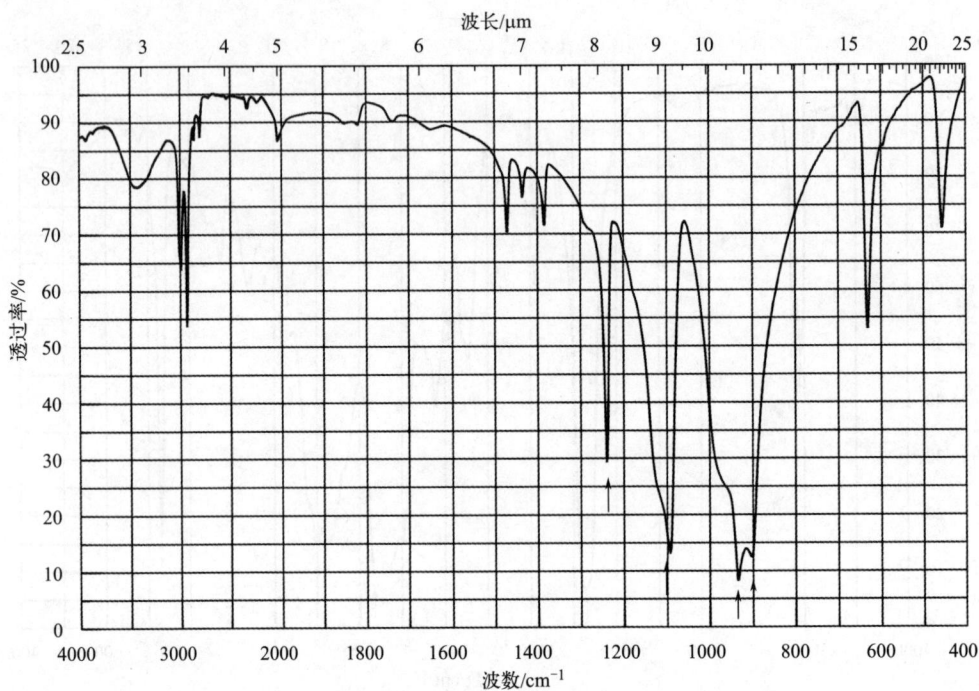

附图 2-22　聚甲醛塑料

附表 2-22　聚甲醛塑料主要特征吸收峰和有关结构

波长/μm	波数/cm⁻¹	峰强度	有关结构
10.2,10.7	935,900	极强	—C—O—
9.1	1100	极强	—C—O—
8.0	1240	强	—C—O—

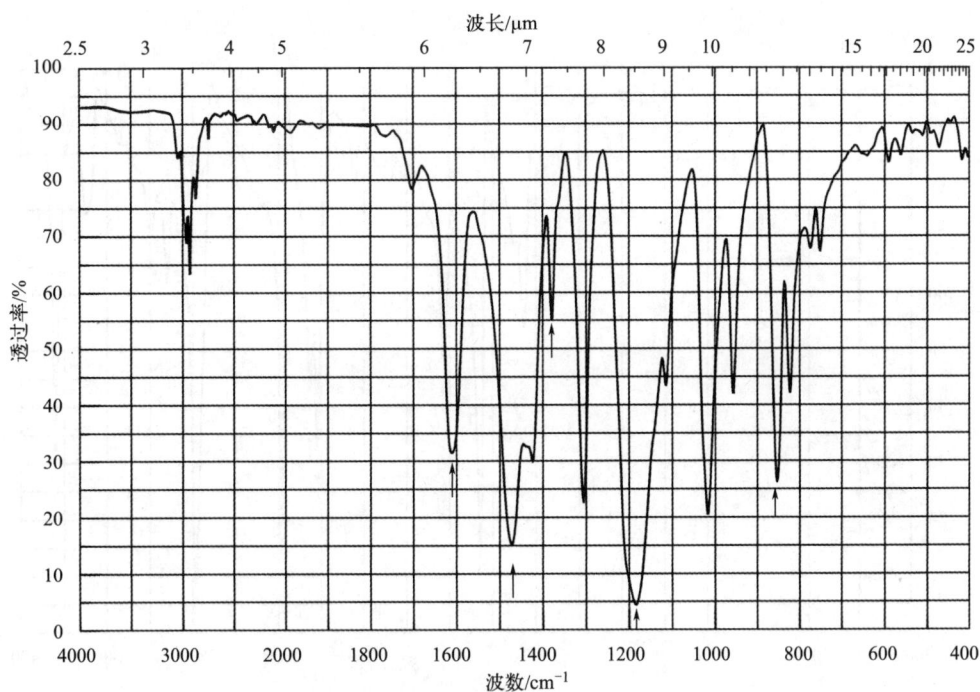

附图 2-23 聚苯醚塑料

附表 2-23 聚苯醚塑料主要特征吸收峰和有关结构

波长/μm	波数/cm^{-1}	峰强度	有关结构
8.4	1190	极强	—C—O—
6.8	1471	强	—CH$_2$—
11.5	875	强	苯环上 C—H
6.1	1610	中	苯环
7.2	1376	中	—CH$_3$

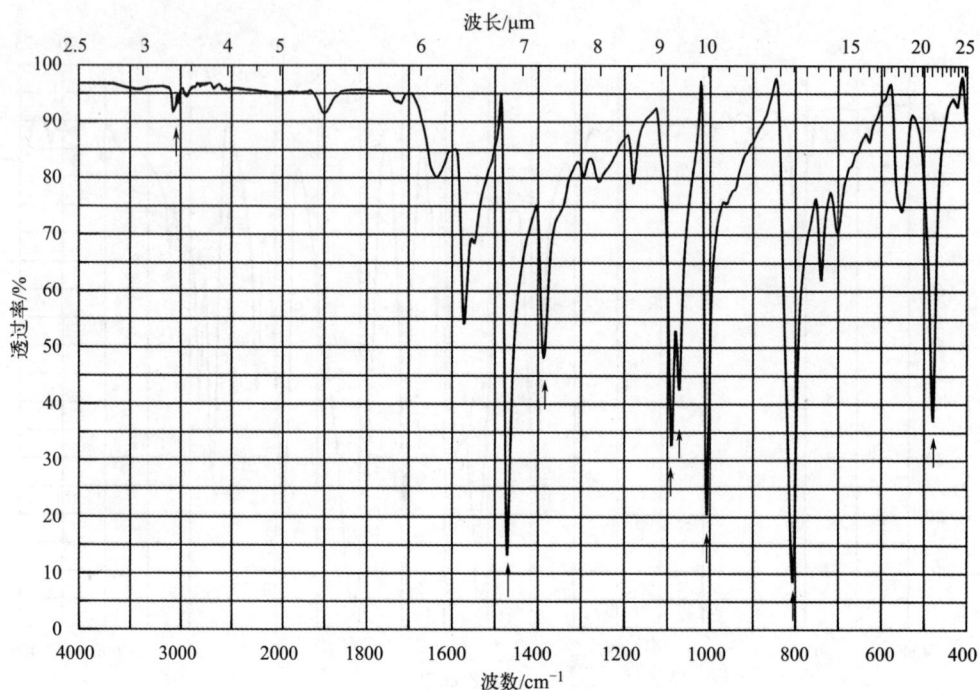

附图 2-24 聚苯硫醚塑料

附表 2-24　聚苯硫醚塑料主要特征吸收峰和有关结构

波长/μm	波数/cm^{-1}	峰强度	有关结构
12.2	810	强	C—S
6.3	1470	强	—CH$_2$—
10.1	1007	强	—C—O—
9.1,9.2	1090,1072	中,双峰	—C—O—
7.2	1386	中	—CH$_2$—
20.1	480	中	C—S
3.3	3040	弱	不饱和 C—H

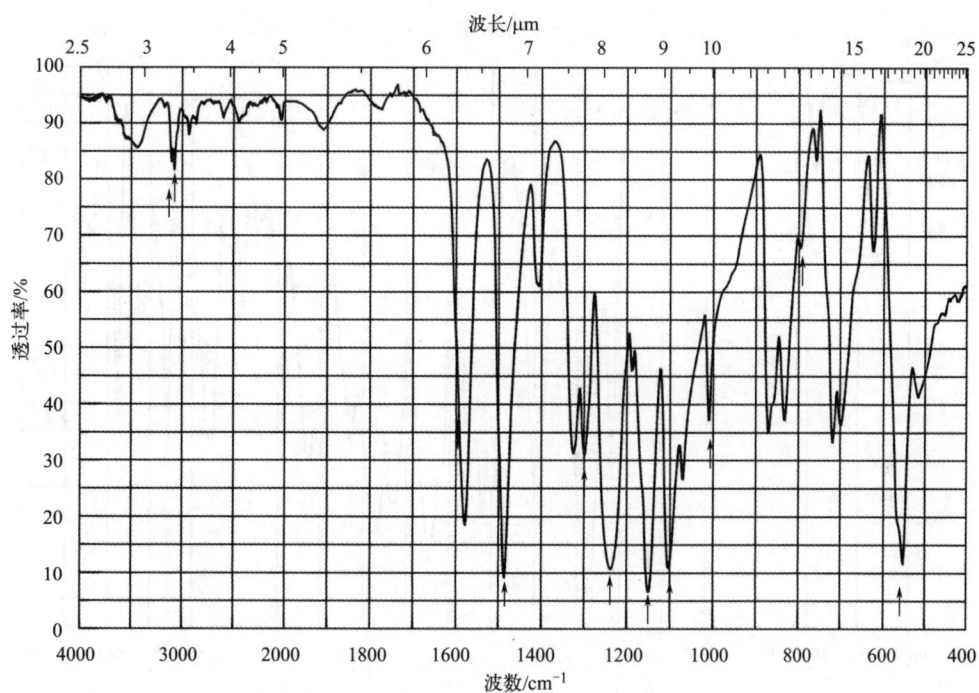

附图 2-25　聚苯砜塑料

附表 2-25　聚苯砜塑料主要特征吸收峰和有关结构

波长/μm	波数/cm⁻¹	峰强度	有关结构
6.7	1485	强	C—H
8.7	1150	强	—C—O—
8.0	1237	强	—SO₂
9.1	1103	强	—SO₂
17.5	564	强	—SO₂
7.7	1300	强	—SO₂
9.8	1010	强	—C—O—
12.7	787	弱	—SO₂
3.23,3.26	3094,3067	弱,双峰	不饱和 C—H

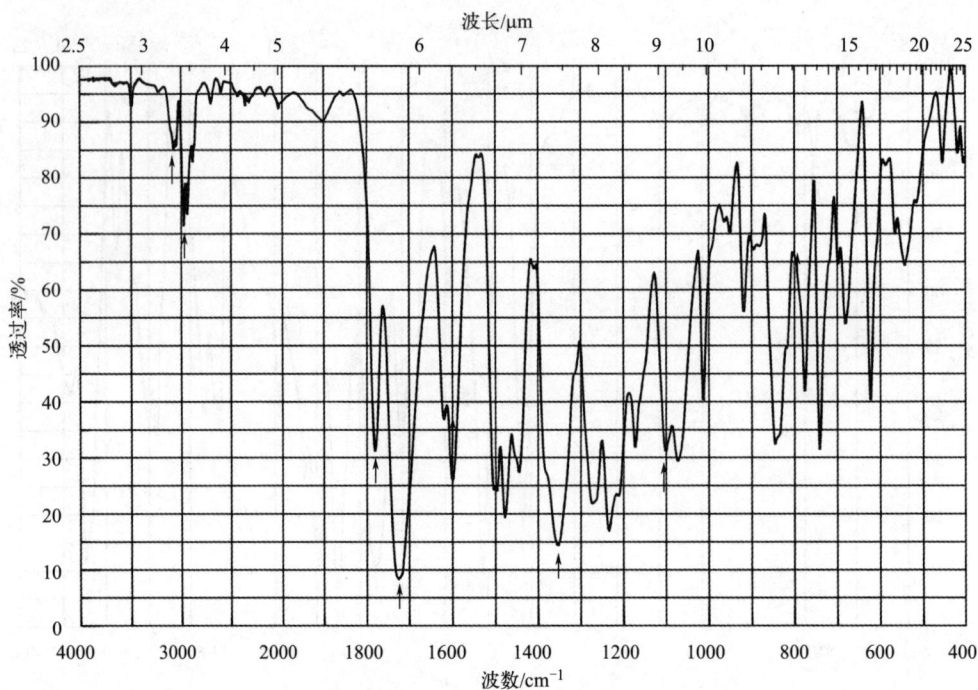

附图 2-26　聚酰亚胺塑料

附表 2-26　聚酰亚胺塑料主要特征吸收峰和有关结构

波长/μm	波数/cm^{-1}	峰强度	有关结构
5.8	1725	强	—C=O 环状酰亚胺
7.3	1370	强	环状酰亚胺
9.0	1110	强	—C—O—
5.6	1785	中	—C=O 环状酰亚胺
3.2,3.4	3080,2980	弱,双峰	C—H

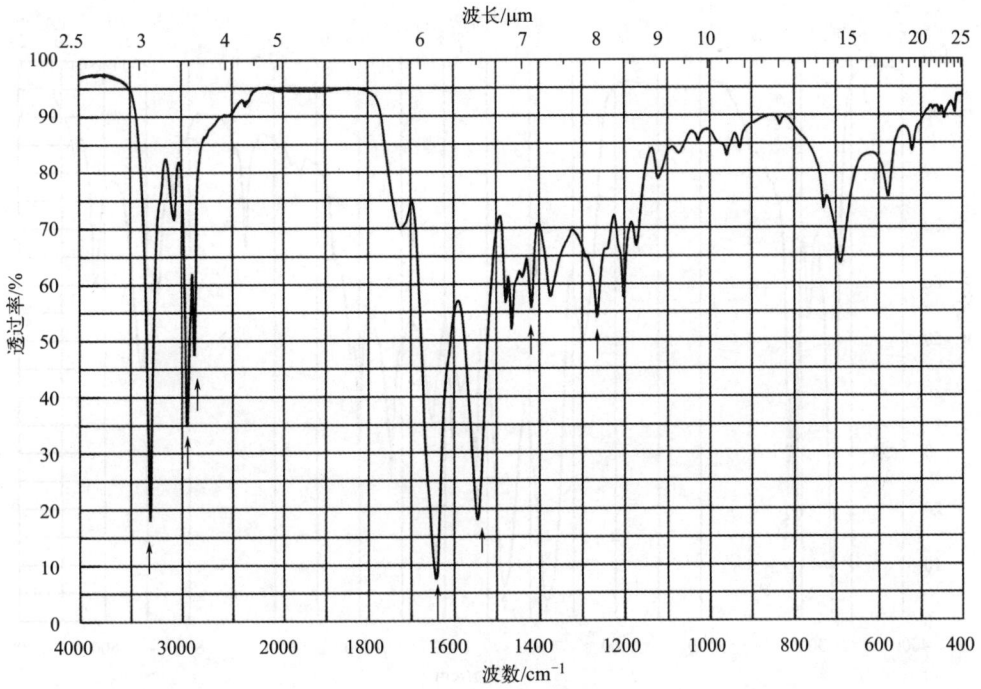

附图 2-27 尼龙-6 塑料

附表 2-27 尼龙-6 塑料主要特征吸收峰和有关结构

波长/μm	波数/cm^{-1}	峰强度	有关结构
3.0	3300	强	N—H
6.1	1640	强	酰胺 I 带
5.4	1544	强	酰胺 II 带
3.4,3.5	2937,2867	中	C—H
11.5	1430	弱	C—H
7.9	1260	弱	酰胺 III 带

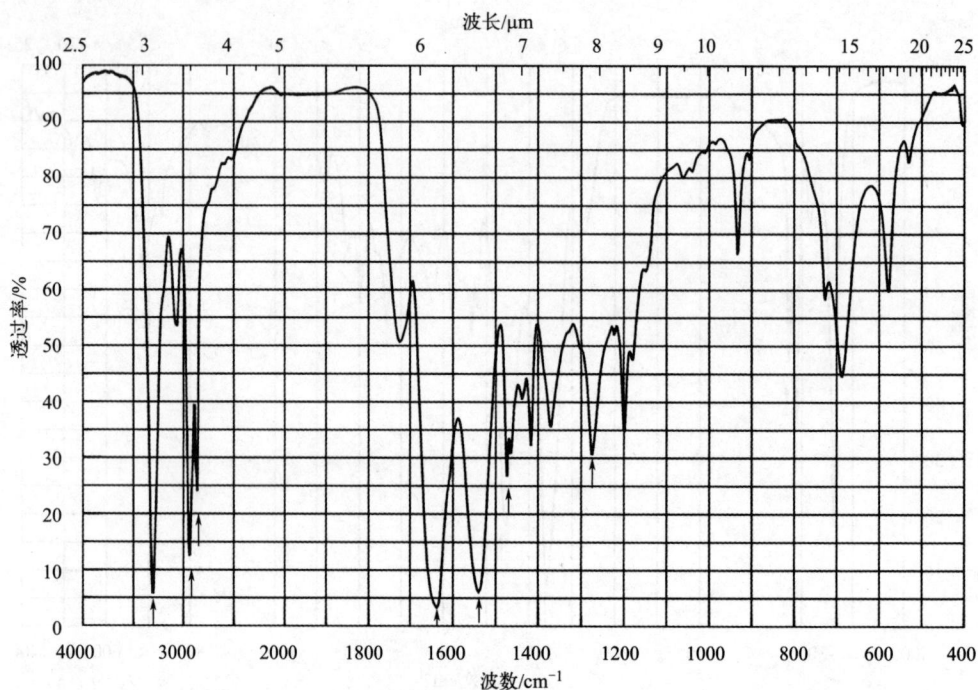

附图 2-28　尼龙-66 塑料

附表 2-28　尼龙-66 塑料主要特征吸收峰和有关结构

波长/μm	波数/cm^{-1}	峰强度	有关结构
3.0	3305	强	N—H
6.1	1637	强	酰胺 I 带
5.4	1541	强	酰胺 II 带
3.4, 3.5	2937, 2860	中	C—H
11.5	1470	弱	C—H
7.8	1275	弱	酰胺 III 带

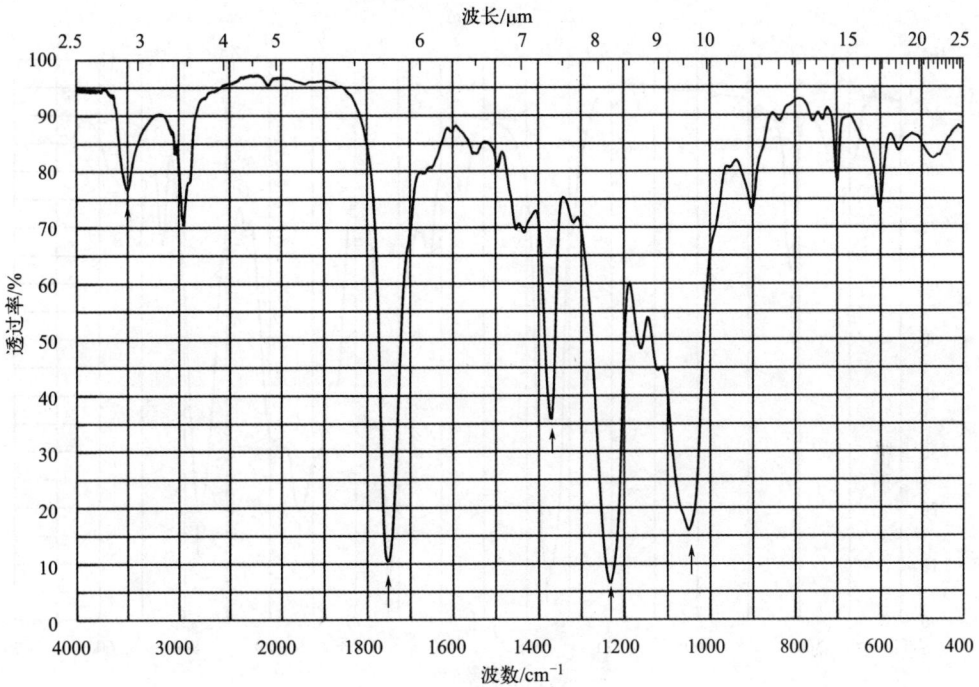

附图 2-29　醋酸纤维素塑料

附表 2-29　醋酸纤维素塑料主要特征吸收峰和有关结构

波长/μm	波数/cm^{-1}	峰强度	有关结构
5.7	1750	强	—C=O
8.1	1235	强	—C—O—C—
9.5	1040	强	—C—O—
7.3	1370	中	—CH$_2$—
2.7	3500	中,宽谱带	—OH

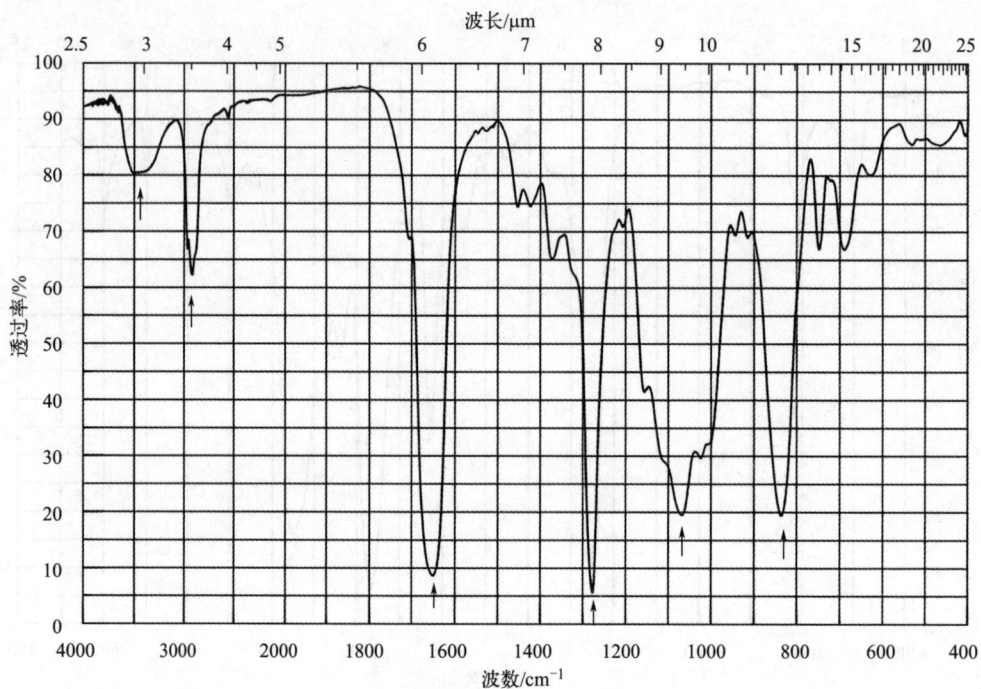

附图 2-30　硝酸纤维素塑料

附表 2-30　硝酸纤维素塑料主要特征吸收峰和有关结构

波长/μm	波数/cm^{-1}	峰强度	有关结构
6.1	1650	强	—NO
7.8	1278	强	—C—O—
9.2	1070	强,宽谱带	—C—O—
11.9	838	强	—NO
3.4	2914	中,宽谱带	—CH$_2$—
2.9	3448	中,宽谱带	—OH

📖 参考文献

［1］ 朱明华，胡坪.仪器分析［M］.4 版.北京：高等教育出版社，2008.

［2］ 孙福生.环境分析化学［M］.北京：化学工业出版社，2011.

［3］ 王敏.分析化学手册：化学分析［M］.3 版.北京：化学工业出版社，2016.

［4］ 华东理工大学，四川大学.分析化学［M］.7 版.北京：高等教育出版社，2018.

［5］ 韩长秀，毕成良，唐雪娇.环境仪器分析［M］.2 版.北京：化学工业出版社，2019.

［6］ 干宁，沈昊宇，贾志舰，等.现代仪器分析实验［M］.北京：化学工业出版社，2019.

［7］ 奚旦立.环境监测［M］.5 版.北京：高等教育出版社，2019.

［8］ 张庆华，王璞，李晓敏，等.持久性有机污染物的分析方法与检测技术［M］.北京：科学出版社，2019.

［9］ 刘琼玉.环境监测综合实验［M］.武汉：华中科技大学出版社，2019.

［10］ 王灿，黄建军.环境分析监测实验［M］.北京：化学工业出版社，2024.

［11］ 孙东平，江晓红，夏锡锋，等.现代仪器分析实验技术：上册［M］.2 版.北京：科学出版社，2021.

［12］ 孙东平，纪明中，白华萍，等.现代仪器分析实验技术：下册［M］.2 版.北京：科学出版社，2021.

［13］ 王强，杨凯.烟气排放连续监测系统（CEMS）监测技术及应用［M］.北京：化学工业出版社，2015.

［14］ 段钰锋，朱纯，余敏，等.燃煤电厂汞排放与控制技术研究进展［J］.洁净煤技术，2019，25（2）：1-17.